Das Weltall

Sterne und Planeten

Ravensburger Buchverlag

Inhalt

Ein Astronaut arbeitet am Hubble-Teleskop im Weltraum.

Unendliche Weiten

Wenn man in einer klaren Nacht in den Himmel blickt, kann man etwa 3000 Sterne erkennen. Was man sieht, ist aber nur ein winzig kleiner Ausschnitt. Das gesamte Weltall ist unvorstellbar groß und voller faszinierender Erscheinungen. Andere Bezeichnungen für Weltall sind Weltraum, Kosmos oder Universum.

Geheimnisvolles Universum

Das Universum besteht aus Milliarden von Sternen, Planeten, Monden und ungeheuren Gaswolken. Dazwischen dehnen sich riesige, leere Bereiche. Manche Forscher sind sogar der Überzeugung, dass es neben unserem Universum noch andere gibt.

Sterne

Sterne sind massive Körper aus heißem Gas. Sie strahlen Licht und Wärme ab und sind viel größer als die Erde. Unser nächster Stern, die Sonne, ist 150 Millionen km entfernt.

Lichtjahre

Die Entfernungen im Universum sind so gewaltig, dass sie in „Lichtjahren" angegeben werden. Mit rund 300 000 km pro Sekunde erreicht das Licht die größtmögliche Geschwindigkeit im Universum. Ein Lichtjahr ist die Entfernung, die das Licht in einem Jahr zurücklegt: die unvorstellbare Strecke von 9 460 500 000 000 km oder 9,46 Billionen km.

Galaxien

Galaxien sind Ansammlungen von Millionen bis Milliarden von Sternen und es gibt Millionen von Galaxien im Universum. Unsere Sonne ist Teil der Milchstraße, einer Galaxie mit etwa 100 000 Lichtjahren Durchmesser.

Das breite Sternenband über den Bäumen ist ein Teil der Milchstraße.

Planeten

Planeten sind gigantische Kugeln aus Gestein oder Gas auf einer Umlaufbahn um einen Stern. Die Erde gehört zu den neun Planeten der Sonne. Die Sonne und alles, was sie umkreist, bilden das Sonnensystem.

Hier sind die Sonne und ihre Planten dargestellt, allerdings nicht im gleichen Maßstab.

Monde

Einige Planeten in unserem Sonnensystem werden von einem oder mehreren Monden umkreist; sie bewegen sich auf Umlaufbahnen wie Planeten um die Sterne. Der Erdenmond ist kleiner als die Erde und hat eine nackte, felsige Oberfläche.

Sonstige Himmelskörper

Neben den großen Himmelskörpern gibt es im Sonnensystem kleinere Asteroiden, Kometen, Meteoriten und weitere Kleinstkörper. Sie bestehen aus Fels, Staub, Metall oder Eis und umkreisen die Sonne wie Mini-Planeten.

Nach der Sonne ist der 4,21 Lichtjahre entfernte Alpha Centauri C unser nächster Stern. Ein Düsenjet würde 4,5 Millionen Jahre brauchen, um dort anzukommen.

Wie alles begann

Natürlich weiß niemand genau, wie das Universum entstand, aber vieles deutet darauf hin, dass alles mit einer ungeheuren Explosion begann. Dieses Ereignis wird „Urknall" genannt.

Der Urknall

Nach dieser Theorie fand vor 15 Milliarden Jahren eine gewaltige Explosion statt, die in einem unvorstellbar heißen Feuerball endete. Warum es zu dieser Explosion kam, ist nicht bekannt.

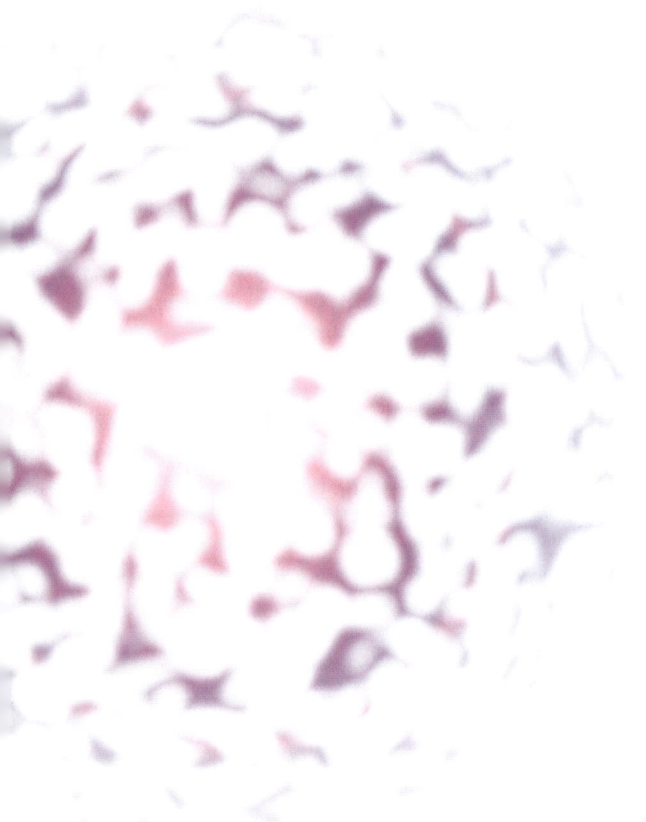

Die Abbildung links zeigt, wie der Urknall ausgesehen haben könnte.

Nach dem Urknall

Als der Feuerball schließlich abkühlte, bildeten sich die ersten Elementarteilchen und Atome. Die winzigen Atome sind die Bestandteile jeglicher Materie; aus ihnen besteht das ganze Universum mit allen Sternen – auch wir Menschen. Die Materie verteilte sich, das Universum dehnte sich aus.

Die ersten Galaxien

Während der Feuerball weiter abkühlte, bildeten sich große Wolken oder Klumpen aus Materie, die sich auf Grund ihrer Gravitation immer stärker verdichteten. Weitere Materie sammelte sich an, die Masse wurde so dicht, bis schließlich die ersten Sterne und Galaxien geboren wurden.

Unser Sonnensystem

Unsere Sonne entstand rund 10 Milliarden Jahre nach dem Urknall. In einer riesigen Staubscheibe, die um die Sonne herumwirbelte, formten sich die Planeten und Monde des Sonnensystems. Noch heute bilden sich überall im Universum neue Sterne aus solch dichten Ansammlungen von Gas und Staub.

Aus solchen Gas- und Staubscheiben bildeten sich die Planeten unseres Sonnensystems.

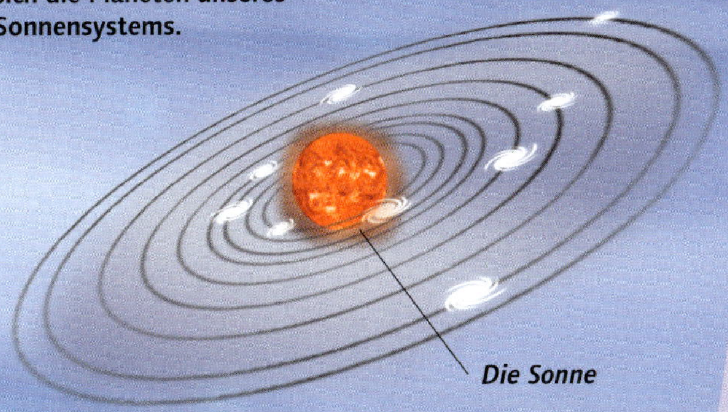

Woher wissen wir das?

Die Urknalltheorie gilt als sehr wahrscheinlich, denn Astronomen haben mit äußerst empfindlichen Messgeräten eine schwache Hintergrundstrahlung gemessen. Wie ein Echo aus dem Universum stammt sie vermutlich noch von der Explosion des Urknalls.

Wie geht es weiter?

Die Kräfte, die der Urknall entfesselte, sind so gewaltig, dass sich unser Universum immer noch ausdehnt. Nach einer Theorie, die manche Astronomen vertreten, wird die Ausdehnung ewig weitergehen, bis sich die gesamte Materie des Universums in eine kalte, bewegungslose Masse von Teilchen verwandelt hat.

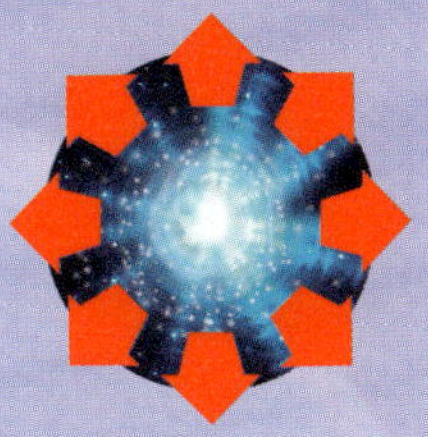

Noch dehnt sich das Universum nach dem Urknall aus.

Andere glauben dagegen, dass die Anziehungskraft der Massen (Gravitation) so groß ist, dass die Ausdehnung irgendwann zum Stillstand kommt. In sehr ferner Zukunft würden dann alle Galaxien und Sterne wieder in einen Punkt zusammenstürzen.

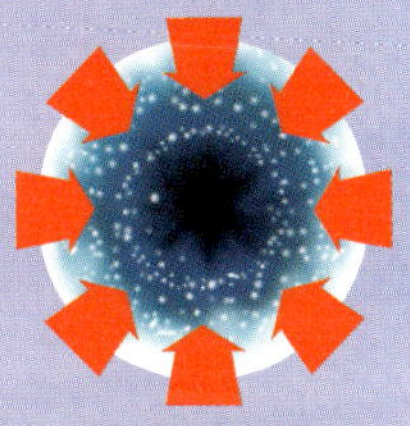

Die Anziehungskraft der Massen könnte alles zusammenstürzen lassen.

Viele Universen

Nach einer dritten Theorie folgt auf eine Explosion stets der Zusammenbruch des Universums, das dann jedoch in einem weiteren Urknall neu geboren wird – nur um wieder zusammenzubrechen. Geburt und Tod des Universums griffen in endloser Reihe ineinander.

Vielleicht schlägt das Universum wie ein Herz und Urknall und Zusammenbruch folgen aufeinander.

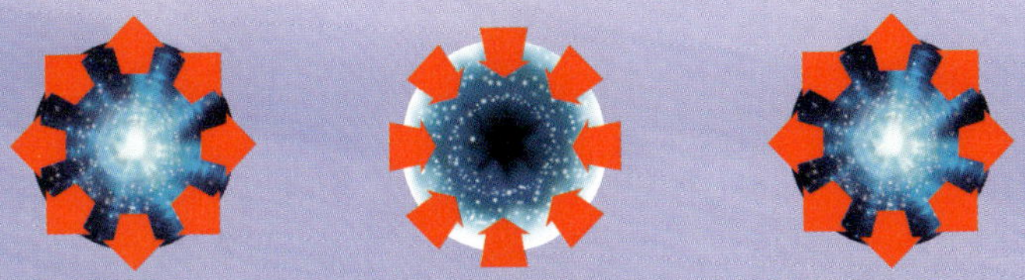

Urknall **Zusammenbruch** **Urknall**

Himmelsbeobachtung

Schon seit tausenden von Jahren haben die Menschen den Himmel betrachtet und versucht, die Geheimnisse des Universums zu ergründen. Heute stehen uns leistungsfähige Teleskope zur Verfügung, mit denen wir das Universum sehr genau untersuchen können. Wissenschaftler, die den Weltraum erforschen, werden Astronomen genannt.

Optische Teleskope

Die beiden Keck-Teleskope stehen auf einem Berg in Hawaii. Sie gehören zu den leistungsfähigsten optischen Teleskopen der Welt. Jedes ist etwa acht Stockwerke hoch.

Optische Teleskope fangen Lichtstrahlen ein und erzeugen ein sichtbares Bild des beobachteten Objektes. Zur Vergrößerung dienen speziell geschliffene Glaslinsen oder Hohlspiegel. Die sehr großen, leistungsstarken Teleskope der Astronomen sind in Observatorien untergebracht.

Radioteleskope

Mit einem Radioteleskop lassen sich noch Signale von Objekten aufspüren, die so weit weg sind, dass sie kein optisches Teleskop mehr „sehen“ kann. In großen schüsselförmigen Antennen fängt ein Radioteleskop Radiowellen aus dem Weltraum ein. Die empfangenen Signale werden von Computern in Bilder übersetzt.

In New Mexico (USA) sind 27 riesige Radioteleskope zum Very Large Array zusammengeschlossen. Damit werden Galaxien und weit entfernte Teile des Universums untersucht.

Weltraumteleskope

Gegen Ende des 20. Jahrhunderts gelang es Weltraumforschern, Teleskope auf Raumschiffen ins Weltall zu schießen. Da im Weltraum keine Atmosphäre (siehe Seite 20) die Sicht stört, kann ein Weltraumteleskop viel weiter und deutlicher sehen als ein Teleskop auf der Erde.

Mit solchen Sonnensegeln fängt das Hubble-Teleskop die Energie des Sonnenlichtes ein.

Das Hubble-Teleskop

Im Jahr 1990 wurde das erste größere optische Teleskop in den Weltraum geschossen. Das Hubble-Teleskop (HST) hat die Größe eines Busses und umkreist die Erde im Abstand von 612 km in einer Umlaufbahn. Seine Kameras werden von der Erde aus auf interessante Objekte gerichtet und nehmen Fotos weit entfernter Galaxien und Sterne auf. Das HST nutzt die Sonnenenergie, um Strom zu erzeugen.

Eine Brille für Hubble

Kurz nach dem Start von Hubble stellte sich heraus, dass es unscharfe Bilder zur Erde funkte – das Teleskop war nicht intakt. Also startete 1993 ein Team von Astronauten in den Weltraum, um Hubble eine korrigierende „Brille" anzupassen. Danach sendete Hubble fantastische Bilder aus dem Universum zur Erde.

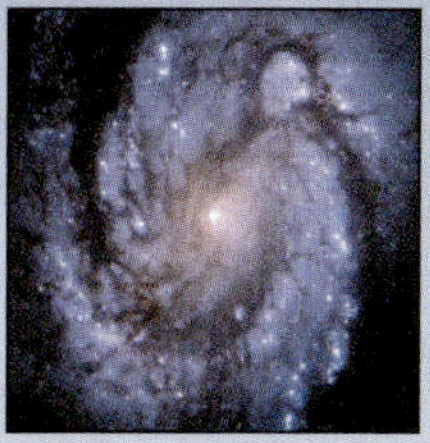

HST-Bild einer Galaxie vor (oben) und nach (unten) der Reparatur.

Tag für Tag sendet Hubble eine Datenmenge zur Erde, die fünf Lexika füllen würde.

Unser Sonnensystem

Zu unserem Sonnensystem gehört die Sonne als Zentralstern und alles, was um sie herum kreist. Zusammen mit anderen Sonnensystemen ist es ein Teil der Milchstraßen-Galaxie. Erst seit kurzem sind die Astronomen in der Lage, gezielt nach anderen Sonnen mit Planeten zu suchen.

Die Sonne

Die Sonne besteht, wie andere Sterne auch, aus heißem Gas. Die gewaltige Anziehungskraft dieses Gasballs hat eine Reichweite von 6 Milliarden Kilometern. Die Gravitation hält auch die Planten auf Umlaufbahnen um die Sonne fest.

Das Bild zeigt die Sonne und Planeten unseres Sonnensystems, allerdings nicht alle im gleichen Maßstab.

Die Planeten

Bislang sind neun Planeten in unserem Sonnensystem bekannt, vielleicht warten noch mehr auf ihre Entdeckung. Alle Planeten bewegen sich auf fast kreisförmigen Bahnen um die Sonne und rotieren dabei um ihre eigene Achse.
Die inneren Planeten Merkur, Venus, Erde und Mars kreisen auf Umlaufbahnen nahe der Sonne. Ihre Oberflächen bestehen aus Gestein.
Die äußeren Planeten – Jupiter, Saturn, Uranus, Neptun und Pluto – bestehen dagegen vorwiegend aus Gas, Eis und Flüssigkeit.

Saturn

Jenseits von Pluto kreist ein Ring aus vereisten Felsbrocken um die Sonne, der Kuiper-Gürtel. Noch weiter von der Sonne entfernt liegt die Oortsche Wolke, ein Band von Kometen.

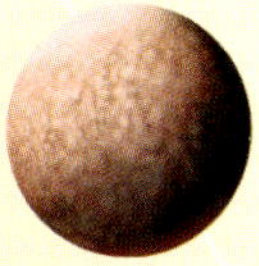

Pluto

Je weiter ein Planet von der Sonne entfernt ist, desto kälter ist er.

Neptun

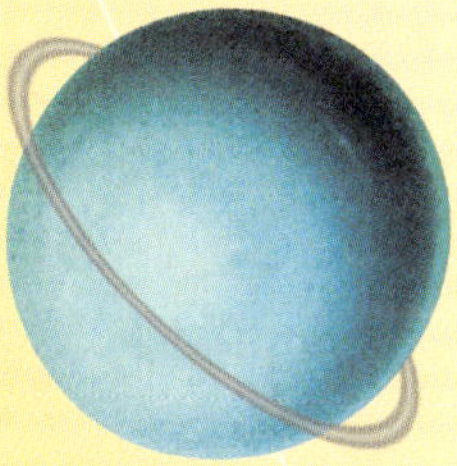

Uranus

Jupiter

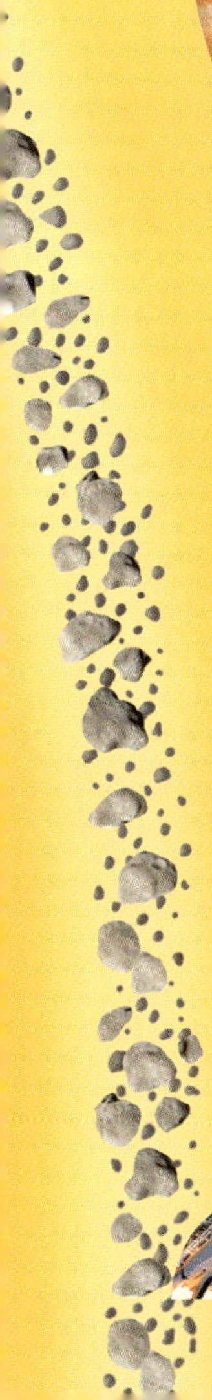

Tage und Jahre

Ein Planet dreht sich innerhalb eines Tages einmal um seine Achse. Ein Erdentag dauert 24 Stunden, ein Tag auf dem Jupiter nur 10 Stunden. Ein Planetenjahr ist vergangen, wenn der Planet seine Umlaufbahn um die Sonne vollendet hat. Das Erdenjahr dauert 365,26 Tage, während ein Jahr auf der Venus in 225 Tagen vergeht.

Gravitation

Wenn du einen Ball in die Höhe wirfst, fällt er zur Erde zurück. Er wird von einer Kraft zu Boden gezogen, die man Schwerkraft oder Gravitation nennt. Ohne Schwerkraft würde der Ball ins Weltall aufsteigen. Die Gravitation wirkt überall im Universum, auf allen anderen Sternen, Planeten und Monden. Ihre Größe richtet sich danach, wie groß und schwer ein Objekt ist: Planeten, deren Masse größer ist als die der Erde, haben eine höhere Schwerkraft; hier erscheint alles schwerer. Auf Planeten mit kleinerer Masse und geringerer Schwerkraft erscheint alles leichter.

Die Sonne ist größer als alle anderen Himmelskörper des Sonnensystems zusammen.

Die Sonne

Ohne die Sonne gäbe es kein Sonnensystem: Sie wärmt und beleuchtet die Planeten, die Gravitation ihrer enormen Masse zwingt die Planten auf ihre Umlaufbahnen. Ohne Sonne wäre kein Leben auf der Erde möglich.

Ein großer Feuerball

Die Sonne ist ein ungeheuer großer Ball aus heißen, brennenden Gasen. Trotz ihrer 1,4 Millionen km Durchmesser ist sie nur ein kleiner Stern. Sie strahlt bereits seit über 4 Milliarden Jahren und wird wahrscheinlich noch weitere 5 Milliarden Jahre brennen. Dann wird sie erlöschen und vergehen (siehe Seite 33).

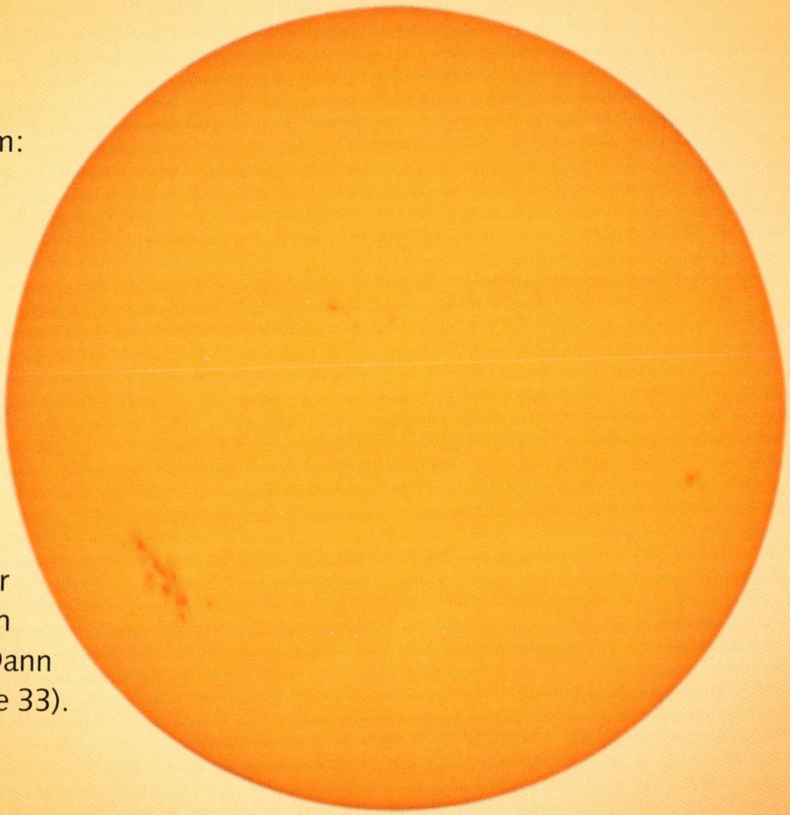

Die dunklen Stellen auf der Sonne nennt man Sonnenflecken.

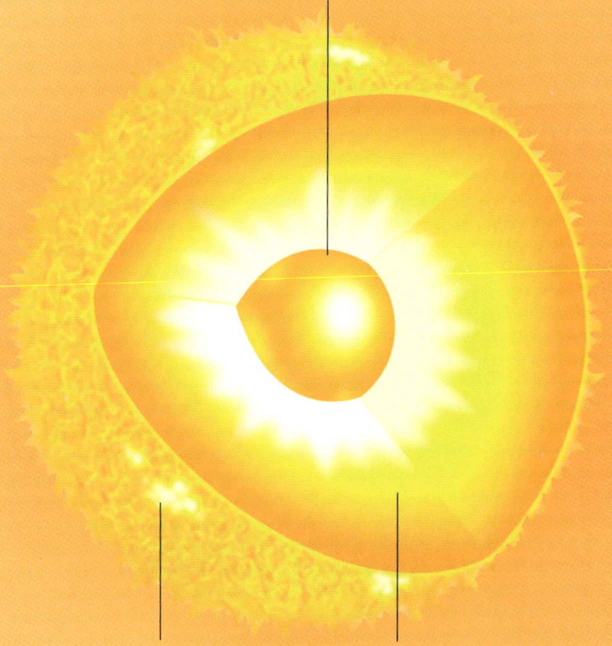

Die innere Struktur der Sonne im Querschnitt

Im Zentrum der Sonne ist es am heißesten. Dort herrschen Temperaturen von 15 Millionen °C.

Die Oberfläche der Sonne besteht aus brodelnden Gasen.

Die Hitze dringt aus dem Inneren der Sonne nach außen.

Sonnenflecken

Manchmal erscheinen auf der Oberfläche der Sonne dunkle Flecken. Dort ist es etwas kühler als in der Umgebung. In der Regel bleiben solche Sonnenflecken klein und isoliert, nur manchmal fließen sie zu riesigen Flächen zusammen. Der größte Sonnenfleck war mehr als 18 Milliarden Quadratkilometer groß.

Wäre es möglich, auf der Sonne zu stehen, könntest du dich kaum bewegen. Ihre enorme Schwerkraft macht dich rund 28-mal schwerer als auf der Erde.

VORSICHT!

Blicke niemals direkt in die Sonne, auch nicht durch ein Fernglas oder ein Teleskop. Das Sonnenlicht schadet deinen Augen und könnte dich sogar blind werden lassen. Auch eine Sonnenbrille bietet keinen ausreichenden Schutz, denn sie hält nicht alle gefährlichen Strahlen fern.

Der Sonnenwind lässt den Himmel von Manitoba (Kanada) in grünen und blauen Farbtönen aufleuchten.

Feurige Eruptionen

Wenn sich unter der Sonnenoberfläche genügend Energie aufgestaut hat, bricht sie in einer gewaltigen Explosion aus. Dabei werden die Gase auf Temperaturen von Millionen von Graden aufgeheizt und ins Weltall geschleudert. Solche Erscheinungen sehen aus wie Flammen und werden Flares oder Protuberanzen genannt.

Die Aufnahmen dieser Eruptionen stammen von dem Satelliten SOHO, der regelmäßig Bilder von der Sonne aufnimmt.

Lightshow

Die Sonne bläst ständig einen unsichtbaren Teilchenstrom ins Weltall, den Sonnenwind. Trifft der Sonnenwind am Nord- oder Südpol auf das Magnetfeld der Erde, reagiert er mit den Teilchen in der Atmosphäre zu einem farbenprächtigen Schauspiel. Diese Erscheinung heißt im Norden Nordlicht oder Aurora borealis, am Südpol Aurora australis oder Südlicht.

Weltraumerkundung

Bei den meisten Weltraummissionen fliegen keine Astronauten mit. Stattdessen befördern die Raketen unbemannte Raumschiffe in den Weltraum, die auch dort eingesetzt werden, wo Menschen nicht überleben könnten.

Satelliten

Alle Körper, die ein Objekt im Weltraum umkreisen, werden Satelliten genannt. Monde sind natürliche Satelliten, die sich auf Umlaufbahnen um Planeten bewegen. Künstliche Satelliten umkreisen Planeten oder einen Mond und sammeln wissenschaftliche Daten.

Wozu braucht man Satelliten?

Künstliche Satelliten, die unsere Erde umkreisen, erfüllen verschiedenste Aufgaben. Einige dienen als Wettersatelliten, andere empfangen Signale von Radio-, Fernseh- oder Telefonsendern auf der Erde und leiten sie zu anderen Kontinenten weiter.

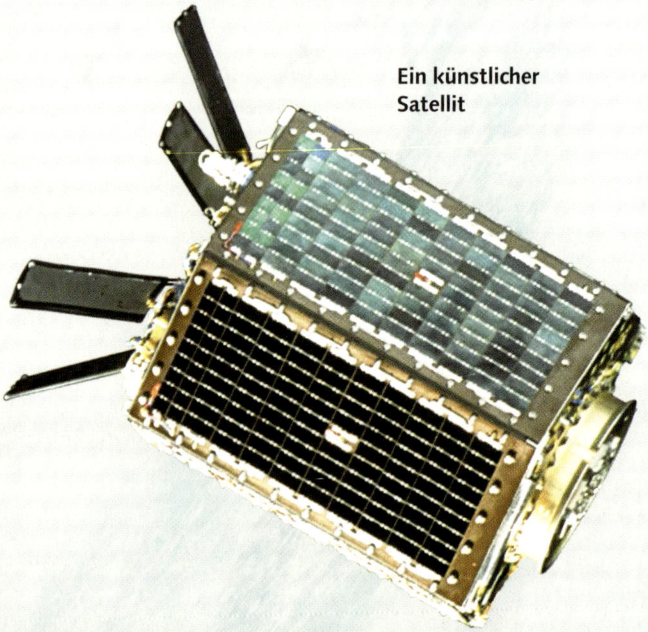

Ein künstlicher Satellit

Was ist die NASA?

Im Vehicle Assembly Building des John F. Kennedy Space-Center (USA) werden die Raketen montiert. Vom Space-Center starten auch die Space-Shuttles (siehe Seite 17).

Die NASA (National Aeronautics and Space Administration) ist die Luft- und Raumfahrtbehörde der USA, die für die Erforschung des Weltraums zuständig ist. Die NASA ist die weltweit wichtigste Einrichtung der Weltraumforschung. Ähnliche Organisationen gibt es in Europa (Europäische Raumfahrtagentur, ESA) und in Russland.

Weltraumsonden

Viele Sonden führen spezielle Messgeräte mit, um den Weltraum zu erforschen, und Kameras, um Bilder von Planeten aufzunehmen. Alle Planeten unseres Sonnensystems wurden bereits von Sonden untersucht. Manche flogen nur vorbei, andere schwenkten in Umlaufbahnen ein und wieder andere setzten kleinere Sonden ab, die auf der Planetenoberfläche landeten.

Das Bild links zeigt die Sonde Magellan, kurz bevor sie vom Spaceshuttle Atlantis gestartet wurde. Im Hintergrund ist die Erde zu sehen. Magellan flog 1991 zum Planeten Venus.

Eine Reise zum Jupiter

Im Jahr 1989 brach die Sonde Galileo zum Jupiter auf. Sechs Jahre später kam sie dort an und sendete bis Februar 2003 Daten zur Erde.

Galileo wurde mit dem Spaceshuttle Atlantis in den Weltraum befördert (siehe Seite 17).

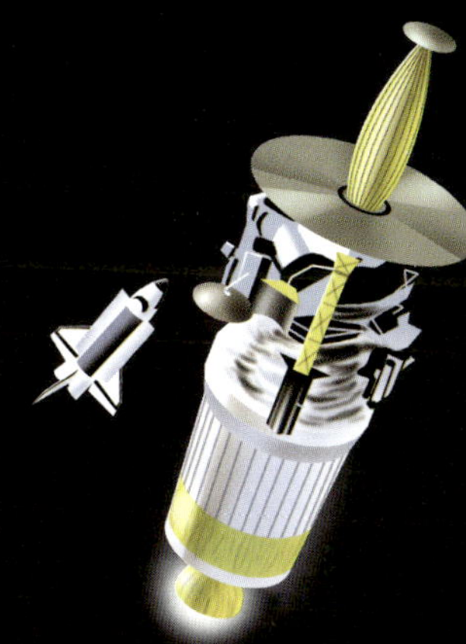

Atlantis setzte die Sonde in eine Erdumlaufbahn ab; Galileo machte sich auf die Reise zum Jupiter.

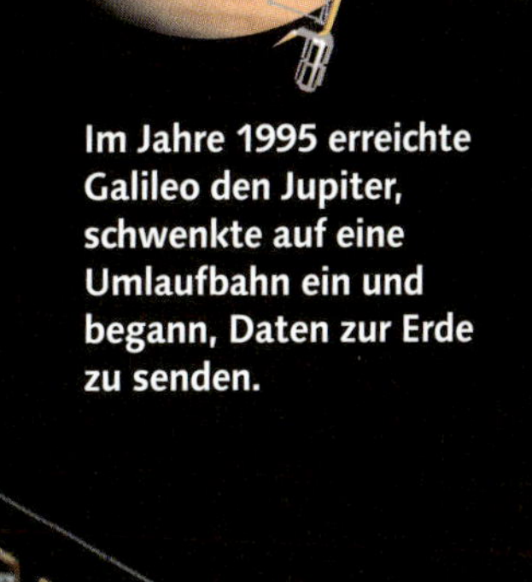

Im Jahre 1995 erreichte Galileo den Jupiter, schwenkte auf eine Umlaufbahn ein und begann, Daten zur Erde zu senden.

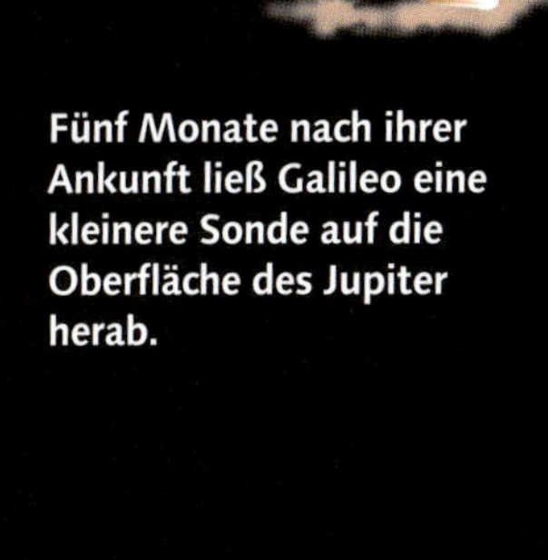

Fünf Monate nach ihrer Ankunft ließ Galileo eine kleinere Sonde auf die Oberfläche des Jupiter herab.

Die Sonde Voyager 1 hat inzwischen fast 15 Milliarden Kilometer zurückgelegt und ist damit das am weitesten von der Erde entfernte menschliche Objekt im Weltraum.

Bemannte Raumfahrt

Seit vielen hundert Jahren träumen die Menschen von einem Flug zu den Sternen. Der Traum wurde erst in den 1950er-Jahren wahr, als es gelang, ausreichend leistungsfähige Raketen zu bauen. Seit damals sind über 100 Menschen in den Weltraum geflogen.

Wettlauf in den Weltraum

In den 1950er- und 1960er-Jahren wetteiferten die USA und die Sowjetunion darum, wer als Erstes eine Rakete in den Weltraum schießen würde. 1957 waren die Russen mit der ersten Rakete und 1961 mit dem ersten Mensch im Weltraum erfolgreich; ihr Kosmonaut hieß Juri Gagarin.

Der Spaceshuttle

Die ersten Raketen konnten nur einmal genutzt werden. Mit dem Spaceshuttle ist es seit 1981 möglich, eine Raumfähre mehrfach zu starten und wieder zu landen. Die NASA hat derzeit drei Spaceshuttles: Discovery, Atlantis und Endeavour. Mit ihnen werden Menschen, Satelliten und Ausrüstung in den Weltraum transportiert. Beim Start stehen sie wie eine Rakete senkrecht, landen aber wie ein Flugzeug auf einer Landebahn.

Juri Gagarin kurz vor seinem historischen Start ins All

Der Astronaut Neil Armstrong war im Jahr 1969 der erste Mensch auf dem Mond.

Menschen auf dem Mond

Den Amerikanern gelang 1968 mit der Apollo-8-Rakete die erste bemannte Mondumkreisung. Schließlich schickten sie 1969 Apollo 11 mit drei Astronauten auf den Mond. So betrat der Astronaut Neil Armstrong als erster Mensch den Mond.

Ein Spaceshuttle startet vom John F. Kennedy Space-Center in Florida (USA).

Unglücksfälle

Leider kann auch eine hoch entwickelte Technologie keine absolute Sicherheit garantieren. Die schwersten Unfälle in der Geschichte der Raumfahrt ereigneten sich in den Jahren 1986 und 2003: 1986 explodierte die Raumfähre Challenger kurz nach dem Start und 2003 fing die Columbia beim Landeanflug auf die Erde Feuer. In beiden Fällen kam die gesamte Besatzung ums Leben, jeweils sieben Astronauten starben.

Zukünftige Raumfahrzeuge

Da die Raumfahrt sehr teuer ist, arbeiten Ingenieure vor allem an der Konstruktion von Raumschiffen, die preiswerter im Betrieb, gleichzeitig aber auch sicherer als die Spaceshuttles sind.

Eine geplante neue Baureihe von so genannten Raumgleitern (wiederverwendbare Raketen) soll ähnlich wie ein Spaceshuttle mehrmals starten und landen können. Aus Kostengründen hat die NASA jedoch die Entwicklung neuer Modelle vorerst zurückgestellt.

So etwa könnte ein Space-Express-Raumgleiter aussehen; das Modell wurde von der NASA entwickelt.

Das erste irdische Lebewesen im All war kein Mensch, sondern die russische Hündin Laika (1957).

In der Weltraumstation

Eine Weltraumstation gleicht einem großen Raumschiff. Hier werden wissenschaftliche Experimente gemacht und der Weltraum erforscht. Häufig bleiben die Astronauten sehr lange dort. Sie müssen sich daran gewöhnen, in einer Umgebung fast ohne Schwerkraft zu leben und ihre Arbeit zu tun.

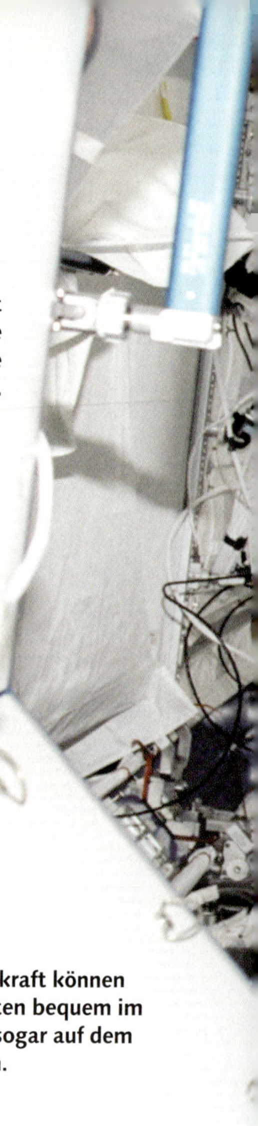

Das Foto zeigt schwerelos durch die Station schwebende Astronauten.

Leben in der Schwebe

Da nur große Körper, wie die Planeten, merkliche Gravitation ausüben, sind Objekte im Weltraum fast schwerelos. Daher muss die gesamte Ausrüstung an die Schwerelosigkeit angepasst sein.

Eine Astronautin arbeitet an einem Experiment in der Weltraumstation. Um nicht wegzuschweben, hat sie ihre Füße in Schlaufen auf dem Boden gesteckt.

Ohne Schwerkraft können die Astronauten bequem im Stehen oder sogar auf dem Kopf schlafen.

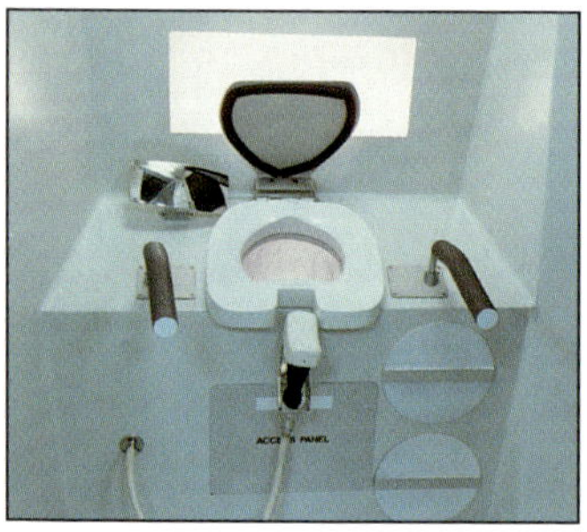

Natürlich gibt es auch eine Toilette in der Weltraumstation. Allerdings ist sie an eine Art Staubsauger angeschlossen, um alles sicher abzusaugen.

Cool bleiben

Kein Mensch hält die extremen Temperaturen des Weltraums aus. Kurz oberhalb der Erdatmosphäre wird es in der Sonne 121 °C heiß, im Schatten fällt die Temperatur auf –121 °C. Daher wurde die Weltraumstation aus isolierendem Material hergestellt, so bleibt die Innentemperatur für die Menschen erträglich.

Essen im Weltraum

Bei der geringen Schwerkraft in der Station würde das Essen vom Teller schweben. Früher bekamen die Astronauten daher ihr Essen in der Tube und drückten es sich in den Mund.

Heute ist das Essen angenehmer. Die Nahrung für eine Weltraummission wird getrocknet und in Beuteln verwahrt. Erst kurz vor dem Essen geben die Astronauten Wasser hinzu. Feuchtes Essen klebt zusammen und kann auch in Schwerelosigkeit bequem gegessen werden.

Das Foto zeigt verpackte Weltraumnahrung. Alles wurde sorgfältig versiegelt und wird erst direkt vor dem Essen geöffnet, damit es nicht in der Station herumfliegt.

Den Rekord für den längsten Aufenthalt im Weltraum hält der Russe Wladimir Poljakov. Er hielt sich ein Jahr und 72 Tage in der Raumstation Mir auf.

Erde und Mond

Die Erde ist von der Sonne aus der dritte Planet und wahrscheinlich der einzige im Sonnensystem, auf dem es Leben gibt. Die Erde wird von einem Mond umkreist, der etwa ein Viertel so groß ist wie die Erde. Das ist außergewöhnlich groß, denn die meisten Monde sind winzig im Vergleich zu den Planeten, die sie umkreisen.

Die Erde in Zahlen
- Durchschnittliche Entfernung zur Sonne: 150 Millionen km
- Durchmesser: 12 756 km
- Umlaufzeit um die Sonne: 365,26 Erdentage
- Umdrehungszeit: 23 Stunden, 56 Minuten
- Zahl der natürlichen Satelliten: 1

Der lebendige Planet

Auf der Erde herrschen perfekte Lebensbedingungen. Sie ist gerade weit genug von der Sonne entfernt, d.h., sie ist weder zu kalt noch zu heiß. Es gibt Luft und Wasser – ohne sie könnte kein Leben existieren.

Die Abbildung links zeigt nur wenige der rund 30 Millionen Lebensformen, die auf unserer Erde ideale Lebensbedingungen vorfinden.

Schutzschicht des Planeten

Die Atmosphäre eines Planeten besteht aus einer Schicht von Gasen. Die Erdatmosphäre wirkt wie ein Schutzschild: Sie filtert schädliche Sonnenstrahlen heraus und hält einen Teil der Sonnenwärme zurück, sodass die Temperatur relativ konstant bleibt.

Der rote Ring zeigt die Dicke der Erdatmosphäre an.

Mondphasen

Der Mond ist kalt und dunkel; dennoch erscheint er uns hell, weil er die Strahlen der Sonne reflektiert. Da er um die Erde kreist, liegt immer nur ein Teil seiner Oberfläche im Licht. Weil wir nur die hellen Stellen sehen, scheint der Mond täglich seine Form zu ändern.

Die unterschiedlichen Formen des Mondes werden Mondphasen genannt: Hier die wichtigsten:

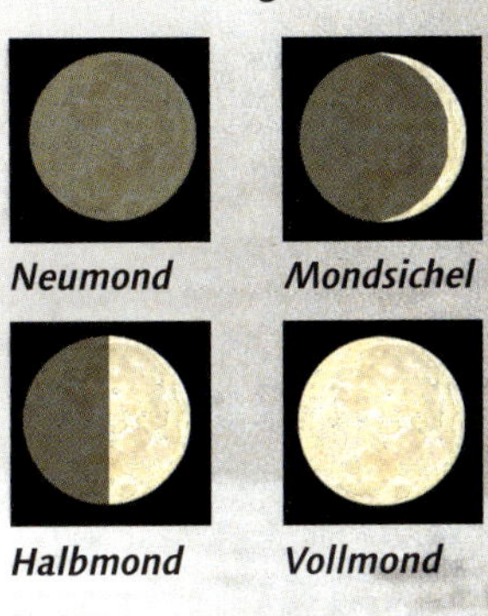

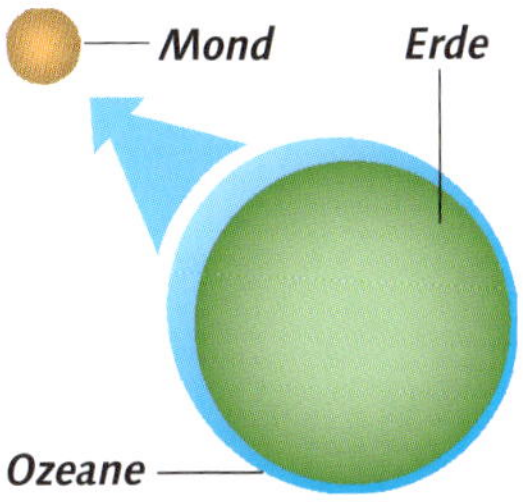

So wirkt die Gravitation des Mondes auf das Wasser der Meere.

Ebbe und Flut

In einem komplizierten Zusammenspiel aus Gravitation der Sonne, des Mondes und der Fliehkraft der Bewegungen wird das Wasser der Erde angezogen. Da sich die Erde dreht, „wandern" Ebbe und Flut ständig rund um den Globus.

Mondmissionen

Es gab bereits mehrere bemannte Raumflüge zum Mond. Die Astronauten der Apollo-11-Mission landeten 1969 als erste Menschen auf der Oberfläche. Im Jahre 1998 fand ein Raumschiff der NASA Hinweise darauf, dass an den Polkappen des Mondes Eis existiert. Wenn es Wasser auf dem Mond gäbe, könnte man eine dauerhafte Mondbasis einrichten.

Der Astronaut Buzz Aldrin 1969 bei einem Mondspaziergang

Da sich der Mond einmal im Monat um die eigene Achse dreht und gleichzeitig die Erde einmal umrundet, wendet er uns stets dieselbe Seite zu.

Merkur

Merkur ist der erste Planet nach der Sonne. Er ist felsig, lebensfeindlich und gleicht dem Erdenmond. Seine Oberfläche ist von riesigen Löchern oder Kratern bedeckt, die von Meteoriteneinschlägen stammen.

Der Merkur in Zahlen

- Durchschnittliche Entfernung zur Sonne: 58 Millionen km
- Durchmesser: 4880 km
- Umlaufzeit um die Sonne: 88 Erdentage
- Umdrehungszeit: 59 Erdentage
- Zahl der natürlichen Satelliten: 0

So sieht die von Kratern bedeckte Oberfläche des Merkur aus; im Hintergrund ist die Sonne zu sehen.

Heiß und kalt

Da Merkur der Sonne so nahe ist, heizt er sich sehr stark auf. Allerdings kühlt seine Rückseite genauso stark aus: Merkur dreht sich nämlich nur sehr langsam, daher wird eine Seite zwar lange von der Sonne beschienen, liegt dann aber ebenso lange im Sonnenschatten.

Meteoriteneinschlag

Das Caloris-Becken ist der größte Krater auf Merkur. Genau gegenüber liegt eine Region mit zahlreichen Erhebungen. Möglicherweise hat derselbe Meteorit, dessen Einschlag das Caloris-Becken schuf, auch dieses Gebirge geschaffen. So etwa könnte es passiert sein:

Vor tausenden von Jahren schlug ein riesiger Meteorit auf Merkur ein.

Dabei wurde der Planet von starken Schockwellen durchlaufen, die das Gebirge auf seiner Rückseite erzeugten.

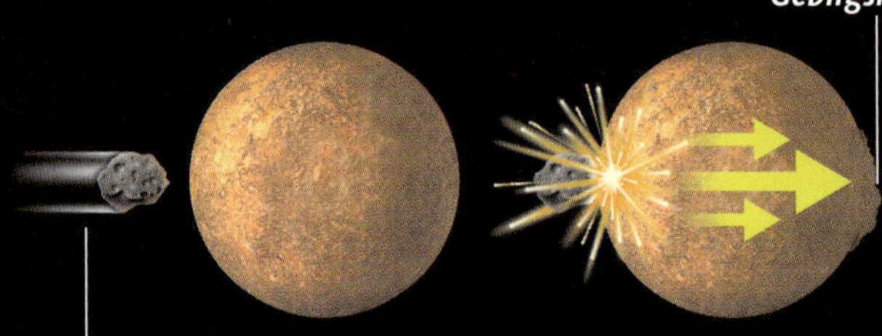

Am Tag können die Temperaturen auf Merkur bis auf 427 °C steigen; viermal heißer als kochendes Wasser.

Dieses Foto vom Mars hat die Viking-Sonde aufgenommen.

Expedition zur Marsoberfläche

Im Juli 1997 landete das NASA-Raumschiff Pathfinder auf dem Mars. Es enthielt den Sojourner, ein kleines Gefährt, das von der Erde aus ferngesteuert wurde. Sojourner fuhr auf dem Mars umher und machte Fotos von der Planetenoberfläche.

Eine Umhüllung aus Ballons schützte Pathfinder vor dem Aufprall auf die Marsoberfläche.

Sobald die Sonde sicher stand, entwich die Luft aus den Ballons und sie fielen ab.

Pathfinder klappte auf und Sojourner fuhr auf die Oberfläche des Mars.

Mars und Erde

Vor einigen Milliarden Jahren herrschten auf dem Mars vielleicht ähnliche Bedingungen wie auf der Erde. Manche Forscher glauben, dass wir vom Mars etwas über die Zukunft der Erde erfahren können.

Diese Aufnahme des Sojourner wurde von Pathfinder gemacht und zur Erde gefunkt.

Jupiter

Jupiter ist der größte Planet des Sonnensystems. Wäre er hohl, könnte man alle übrigen Planeten in ihm unterbringen.

Der Jupiter in Zahlen

- Durchschnittliche Entfernung zur Sonne: 778 Millionen km
- Durchmesser: 142 984 km
- Umlaufzeit um die Sonne: 11,9 Erdenjahre
- Umdrehungszeit: 9 Stunden, 50 Minuten
- Zahl der natürlichen Satelliten: 52

König der Gasriesen

Vier Planeten in unserem Sonnensystem bestehen hauptsächlich aus Gas – Jupiter, Saturn, Uranus und Neptun – die so genannten Gasriesen. Nur der innere Kern von Jupiter besteht aus festem Gestein.

Die Jupitermonde

Wir kennen bisher 52 Jupitermonde und es werden laufend neue entdeckt. Die vier größten Monde wurden schon vor 400 Jahren durch den italienischen Astronomen Galileo entdeckt. Deshalb heißen sie die Galileischen Monde.

Io ist von Vulkanen bedeckt. Wenn der Pilan Patera ausbricht, schleudert er eine 139 km hohe Feuersäule ins All.

Europa ist vollständig von Eis bedeckt. Er ist der glatteste Himmelskörper im Sonnensystem.

Ganymed ist der größte Mond unseres Sonnensystems; er ist sogar größer als der Planet Merkur.

Kallisto besteht fast ausschließlich aus Eis. Auf ihm liegt auch der größte bekannte Krater des Sonnensystems – Walhalla.

Obwohl Jupiter fast nur aus Gas besteht, sieht er aus wie ein fester Planet. Rechts sind seine vier größten Monde abgebildet.

Festes Gas

Das Gas auf der Jupiteroberfläche hat dieselbe Dichte wie Gas auf der Erde. Dringt man tiefer ins Innere vor, wird das Gas heißer und dichter, bis es etwa einer flüssigen Suppe gleicht. Kurz vor dem festen Kern ist auch das Gas fast fest.

Der Große rote Fleck auf der Oberfläche von Jupiter ist ein riesiger Sturm mit einer Ausdehnung von 14 000 km.

Saturn

Obwohl Saturn kleiner ist als Jupiter, ist er doch riesig. Auch er besteht vorwiegend aus dichtem Gas. Saturn ist berühmt wegen der weiten Ringe, die um ihn kreisen. Alle Gasriesen sind von solchen Ringen umgeben, doch die Saturnringe sind heller und größer als die der anderen Planeten.

Der Saturn in Zahlen
- Durchschnittliche Entfernung zur Sonne: 1427 Millionen km
- Durchmesser: 120 536 km
- Umlaufzeit um die Sonne: 29,5 Erdenjahre
- Umdrehungszeit: 10 Stunden, 14 Minuten
- Zahl der natürlichen Satelliten: 30

Die Ringe des Saturn

Die Ringe bestehen aus Eisklumpen und Felsbrocken, die den Planeten umkreisen. Die kleinsten sind so groß wie Staubteilchen, die größten etwa so groß wie ein Auto. Obwohl die Ringe einen Durchmesser von über 300 000 km haben, sind sie nur 1 km dick.

Leben auf Titan?

Einer der Saturnmonde, der Titan, hat eine dicke Atmosphäre. Sie schirmt seine Oberfläche vor den rauen Bedingungen des Weltraums ab. Einige Astronomen vermuten daher, dass es Leben auf dem Titan gibt.

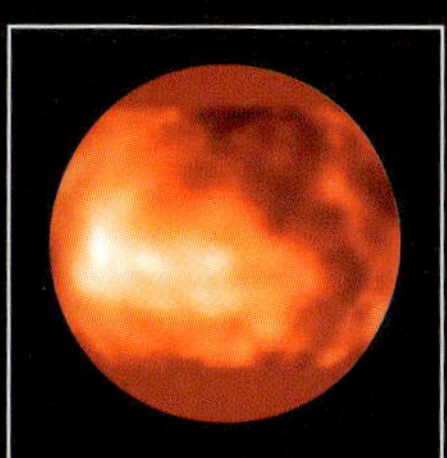

Unter dem Schutz von Titans dicker Atmosphäre könnte sich Leben entwickelt haben.

Die Ringe des Saturn kann man von der Erde aus mühelos mit einem Teleskop erkennen.

Trotz seiner Größe ist der Saturn so leicht, dass er in Wasser schwimmen würde – vorausgesetzt es gäbe eine entsprechend große Wasserfläche.

Die äußeren Planeten

Uranus, Neptun und Pluto sind die äußeren Planeten unseres Sonnensystems. Wir wissen verhältnismäßig wenig über sie – sie sind einfach zu weit entfernt.

Uranus
Uranus ist der siebte Planet nach der Sonne. Er ist 19-mal weiter von der Sonne entfernt als die Erde. Uranus hat 21 bekannte Monde, die bislang letzten sechs Monde wurden 2001 entdeckt.

Die Ringe des Uranus
Wie die anderen Gasriesen wird auch Uranus von Ringen umgeben. Da sie nur aus Staub bestehen, braucht man sehr leistungsstarke Teleskope, um sie zu sehen. Daher wurden sie erst 1977 entdeckt.

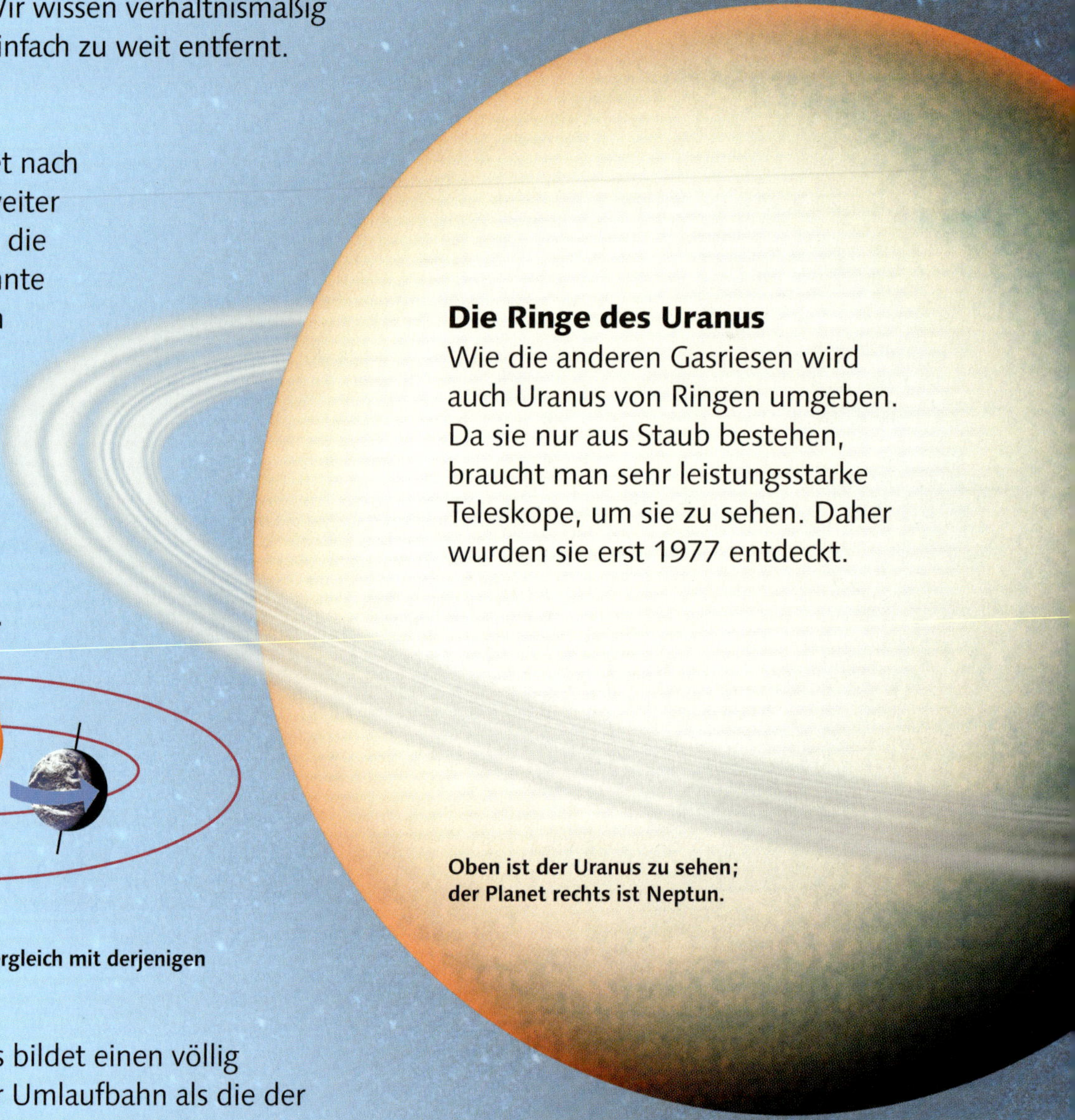

Oben ist der Uranus zu sehen; der Planet rechts ist Neptun.

Die Anordnung der Staubringe um Uranus ist gut zu erkennen.

Merkwürdige Drehung

Die Drehrichtung von Uranus im Vergleich mit derjenigen der Erde.

Die Drehachse von Uranus bildet einen völlig anderen Winkel mit seiner Umlaufbahn als die der übrigen Planeten. Möglicherweise stieß Uranus in der Vergangenheit mit einem mächtigen Himmelskörper zusammen, der ihn zur Seite kippte.

Der Uranus in Zahlen
- Durchschnittliche Entfernung zur Sonne: 2871 Millionen km
- Durchmesser: 51118 km
- Umlaufzeit um die Sonne: 84 Erdenjahre
- Umdrehungszeit: 17 Stunden, 54 Minuten
- Zahl der natürlichen Satelliten: 21

Uranus ist der letzte Planet, der noch mit bloßem Auge zu erkennen ist. Für die beiden äußersten Planeten braucht man ein Teleskop.

Neptun

Neptun ist der kleinste der Gasriesen, aber immer noch 17-mal größer als die Erde. Neptun hat eine stürmische Atmosphäre und die stärksten Stürme des Sonnensystems. Der Wind erreicht eine Geschwindigkeit von bis zu 2000 km/h.

Der große dunkle Fleck (oben) ist eine dunkle Zone, die manchmal auf Neptun sichtbar ist. Vermutlich handelt es sich dabei um einen Sturm von der Größe der Erde.

Blaue und grüne Planeten

In der Atmosphäre von Uranus und Neptun ist das Gas Methan enthalten. Methan hält das rote Licht zurück und reflektiert die blauen Anteile. Daher sehen die beiden Planten aus dem Weltraum blau und grün aus.

Der Neptun in Zahlen

- Durchschnittliche Entfernung zur Sonne: 4500 Millionen km
- Durchmesser: 49 528 km
- Umlaufzeit um die Sonne: 165 Erdenjahre
- Umdrehungszeit: 19 Stunden, 12 Minuten
- Zahl der natürlichen Satelliten: 8

Pluto

Pluto ist ein winziger Planet aus Felsen und Eis. In der Regel ist er der am weitesten von der Sonne entfernte Planet. Er hat allerdings eine äußerst seltsame Umlaufbahn: In 20 Jahren seiner 248 Jahre dauernden Sonnenumrundung ist er der Sonne näher als Neptun.

Der Pluto in Zahlen

- Durchschnittliche Entfernung zur Sonne: 5913 Millionen km
- Durchmesser: 2400 km
- Umlaufzeit um die Sonne: 248 Erdenjahre
- Umdrehungszeit: 6 Erdentage, 10 Stunden
- Zahl der natürlichen Satelliten: 1

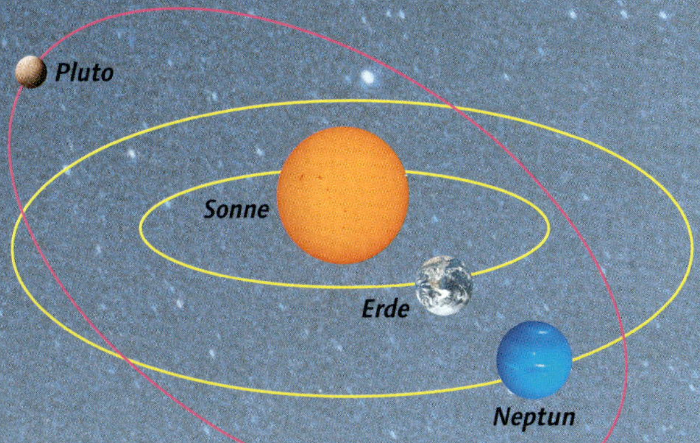

Die außergewöhnliche Umlaufbahn des Pluto

Da er vergleichsweise klein ist, halten einige Astronomen Pluto nicht für einen „echten" Planeten.

Asteroiden und Kometen

Die Sonne und ihre Planeten sind die größten Himmelskörper im Sonnensystem. Es gibt aber noch zahlreiche kleinere Objekte, die Asteroiden, Meteoriten und Kometen.

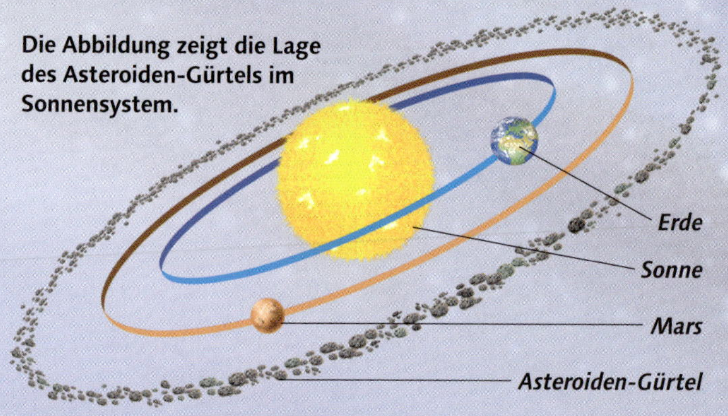

Die Abbildung zeigt die Lage des Asteroiden-Gürtels im Sonnensystem.

Asteroiden und Meteoriten

Asteroiden oder Planetoiden sind große Brocken aus Gestein oder Metall, die durch das Weltall fliegen. Meteoriten sind kleinere Gesteinsbrocken. Im Sonnensystem gibt es Millionen von Asteroiden und Meteoriten. Die meisten sind in einem Ring zwischen Mars und Jupiter konzentriert, dem so genannten Asteroiden-Gürtel.

Meteoriten und Meteore

Manchmal kommen Meteoriten der Erde so nahe, dass sie von der Erdschwerkraft angezogen werden. Kleinere Meteoriten, die in der Erdatmosphäre verglühen, werden als Meteore bezeichnet. Größere Meteoriten können auf die Erdoberfläche einschlagen und dort schwere Schäden anrichten.

So ähnlich könnten Asteroiden aussehen.

Ein Komet rast durch den Weltraum.

Sternschnuppen

Wenn ein Meteor in die Erdatmosphäre eintritt, wird er stark abgebremst. Durch die Reibung an der Luft entsteht so starke Hitze, dass der Meteor zu brennen beginnt und schließlich vollständig verglüht. Die hellen Lichtspuren kann man von der Erde aus sehen: Sie bilden die bekannten „Sternschnuppen".

So verglüht ein Meteor, der auf die Atmosphäre der Erde trifft.

Kometen

Astronomen bezeichnen Kometen oft als „schmutzige Schneebälle", weil sie aus Eis, Staub und Gesteinsteilchen bestehen. Die meisten bewegen sich auf riesigen, ovalen Umlaufbahnen. Deshalb nähern sie sich für kurze Zeit stark der Sonne an. Während dieser Phase wird der Komet als „aktiv" bezeichnet.

Schmelzende Kometen

In seiner aktiven Phase wird ein Komet von der Sonne aufgeheizt und beginnt zu schmelzen. Dabei werden Gase und Staubteilchen aus dem schmelzenden Eis frei. Sie bilden einen Schweif hinter dem Kometen, der bis zu 320 Millionen Kilometer lang werden kann.

Massensterben

Schlägt ein Meteorit auf der Erde ein, hinterlässt er nur einen Krater. Die viel größeren Asteroiden oder Kometen richten dagegen mehr Schaden an als tausend Atombomben. In der Vergangenheit wurde die Erde immer wieder von Asteroiden und Kometen getroffen – mit katastrophalen Folgen. Ein solcher Einschlag könnte zum Aussterben der Dinosaurier geführt haben.

Nimmt man das Gewicht aller Asteroiden im Sonnensystem zusammen, wiegen sie immer noch weniger als Pluto, der kleinste Planet.

Das Leben eines Sterns

Sterne sind riesige Kugeln aus explodierenden Gasen, die Milliarden Jahre lang brennen. Je nach ihrer Temperatur verändern sie ihre Farbe: Sehr heiße Sterne sehen blau aus, Sterne mit mittleren Temperaturen sind gelb und ältere, kühlere Sterne erscheinen rot.

Protosterne

Das Leben eines Sterns beginnt mit einem galaktischen „Nebel" aus winzigen Gas- und Staubteilchen. Alle Teilchen ziehen sich auf Grund ihrer Gravitation an. Schließlich ballen sie sich zu dichten „Wolken" zusammen. Solche Wolken sind die Vorläufer eines Sterns, so genannte Protosterne.

Es werde Licht

Wenn ein Protostern dichter und kleiner wird, reiben und stoßen seine Teilchen immer häufiger aneinander: Es entstehen Wärme und Licht. Schließlich wird ein Protostern so heiß, dass die Teilchen miteinander verschmelzen. Wie in einem Atomreaktor entsteht ungeheuer viel Energie, bis der Protostern explodiert.

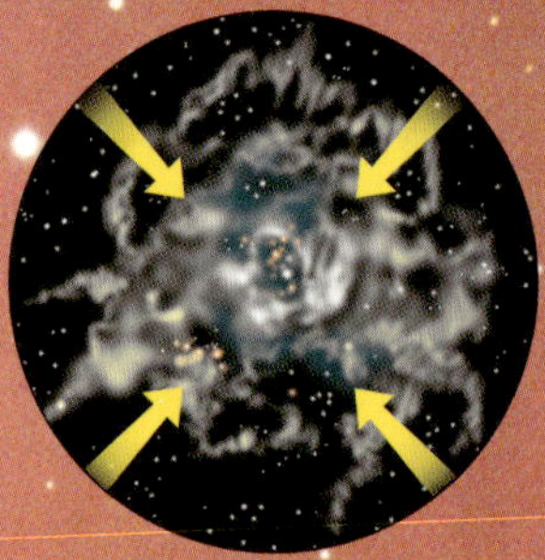

Die Gravitation zieht die Teilchen immer stärker zusammen: Das Zentrum des Protosterns wird dichter.

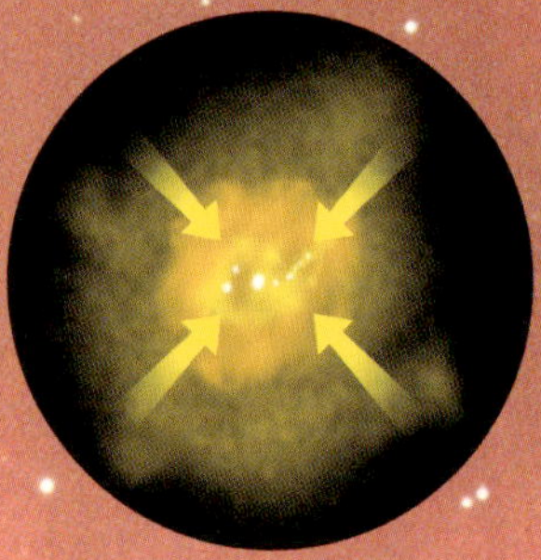

Durch die Reibung der Teilchen entstehen Hitze und Licht: Der Protostern beginnt zu leuchten.

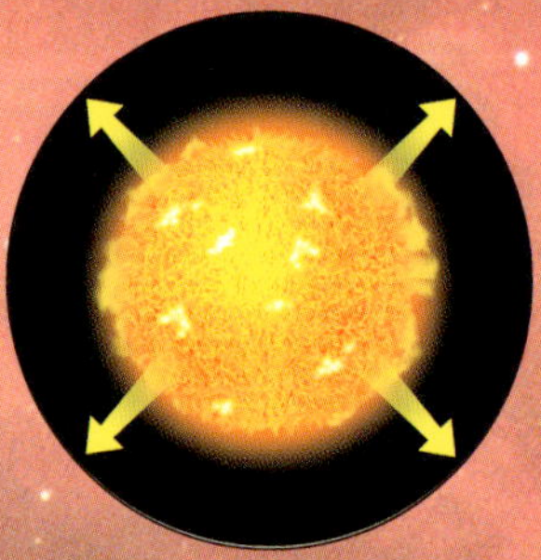

Schließlich verschmelzen die Teilchen miteinander: Der Protostern strahlt in einer Explosion Hitze und Licht ab und wird zum Stern.

Die Aufnahme zeigt den Pferdekopfnebel; sie wurde vom Hubble-Teleskop gemacht.

Lebensdauer

Wenn sein Gasvorrat zu Ende geht, beginnt der Stern zu sterben. Kleinere Sterne erlöschen einfach, doch größere Sterne blähen sich noch stärker auf, kühlen ab und ändern ihre Farbe von Gelb oder Blau nach Rot. In diesem Stadium wird ein Stern „roter Riese" genannt.

Wenn ein großer Stern stirbt, kann er in einer gewaltigen Explosion enden. Dieses Foto zeigt die Überreste einer solchen „Supernova".

Klein, aber schwer

Schließlich schleudert ein roter Riese seine äußeren Schichten ins Weltall und verwandelt sich in einen kleinen Stern, einen „weißen Zwerg". Weiße Zwerge sind sehr dicht und für ihre Größe verhältnismäßig schwer. Daher besitzen sie eine äußerst große Gravitation.

Schwarze Löcher

Wenn ein sehr großer Stern stirbt, kann er in sich selbst zusammenstürzen – dabei entsteht ein schwarzes Loch. Schwarze Löcher sind so schwer und dicht, dass sie mit ihrer enormen Gravitation wie ein gigantischer Staubsauger alles einsaugen, was ihnen zu nahe kommt. Da sie sogar das Licht einsaugen, kann man schwarze Löcher nicht sehen.

Der kleine, weiße Punkt in der Mitte des Bildes ist ein weißer Zwerg. Er wird von Gaswolken umgeben.

Das schwarze Loch im Zentrum dieser Spirale saugt Materie und Licht ein.

So ungefähr könnte ein schwarzes Loch aussehen – wenn es sichtbar wäre.

Ein Stück weißer Zwerg von der Größe einer Murmel kann bis zu 900 Tonnen wiegen.

Galaxien

Die Sterne sind nicht gleichmäßig im Universum verteilt, sondern bilden dichte Ansammlungen, die Galaxien genannt werden. Unsere Sonne, die Erde und das übrige Sonnensystem sind nur ein winziger Teil der Milchstraße – unserer Galaxie.

Die Formen der Galaxien

Galaxien können unterschiedliche Formen und Größen haben. Nach dem Urknall zogen sich die ersten Sterne durch ihre Gravitation zu Gruppen zusammen, sodass verschiedene Typen von Galaxien entstanden. Besonders häufig kommen elliptische und Spiralgalaxien vor.

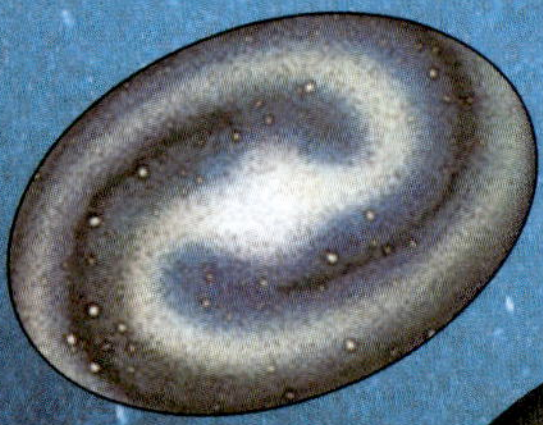

Eine Spiralgalaxie besteht aus einem kugeligen oder balkenförmigen Zentrum mit zwei oder mehr Spiralarmen.

Eine elliptische Galaxie, deren Form zwischen rund und oval schwanken kann, enthält gewöhnlich zahlreiche alte Sterne.

In solchen Spiralgalaxien (links) liegen die jungen Sterne auf den Spiralarmen, die älteren im Zentrum.

Wagenrad im All

Die Cartwheel-Galaxie („Wagenrad“) gehört zu den irregulären Galaxien.

Neben elliptischen und Spiralgalaxien gibt es auch irreguläre Galaxien mit ungewöhnlichen und verzerrten Formen. Bei einigen handelt es sich um Sternenwolken ohne spezielle Form. Andere verdanken ihr Aussehen einer kosmischen Katastrophe: Vor rund 200 Millionen Jahren raste eine kleinere Galaxie in die heutige Cartwheel-Galaxie und erzeugte deren auffällige Form.

Galaxien-Gruppen

Auch die Galaxien bilden wieder Gruppen. So gehört unsere Milchstraße zu der so genannten Lokalen Gruppe – mit rund 30 Galaxien ist sie eher klein. In einigen Gruppen sind bis zu 2500 Galaxien vereinigt.

Milchstraße

Die meisten Astronomen glauben, dass die Milchstraße eine Spiralgalaxie ist. Im Vergleich mit anderen Galaxien ist sie recht groß: Sie misst rund 100 000 Lichtjahre im Durchmesser. Unser Sonnensystem liegt etwa 2000 Lichtjahre vom Zentrum der Galaxie entfernt.

Die Milchstraße am Himmel

In einer klaren Nacht kannst du ein helles Sternenband sehen, das sich über den ganzen Himmel erstreckt. Dies ist ein Teil der Milchstraße. In der Antike glaubten die Menschen, Götter hätten Milch verschüttet – daher der Name Milchstraße.

Von der Seite betrachtet würde unsere Milchstraße etwa so aussehen.

Ungefähr hier liegt unser Sonnensystem in der Milchstraße.

Sterne beobachten

Seit tausenden von Jahren haben die Menschen nach Mustern in der Verteilung der Sterne gesucht. Sie ordneten den besonders hellen Sternen Fantasiebilder zu. Solche Sternbilder sind sehr hilfreich, um bestimmte Sterne am Himmel zu finden.

Aus diesen Sternen setzt sich das Sternbild Orion zusammen. Die Sagenfigur, die man darin zu sehen glaubte, ist mit gelben Linien eingezeichnet.

Berühmte Sternbilder

Es gibt 88 Sternbilder. Viele tragen ihren Namen nach Figuren aus antiken griechischen Sagen. Rechts ist zum Beispiel der mächtige Jäger Orion abgebildet. Um die Sternbilder am Himmel zu finden, brauchst du eine Sternkarte. Darauf sind die hellsten Sterne abgebildet und die Sternbilder gekennzeichnet.

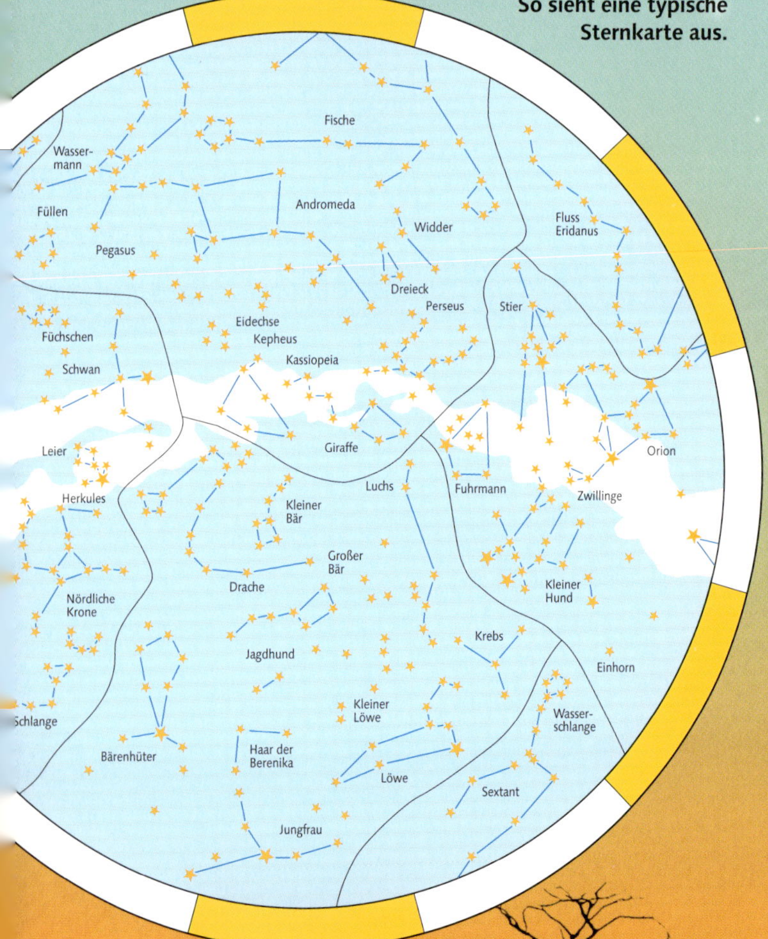

So sieht eine typische Sternkarte aus.

Himmelsbeobachtung

Wenn du die Sterne beobachten möchtest, solltest du dich gut vorbereiten. Du brauchst warme Kleidung, denn selbst im Sommer kann es sehr kalt werden, wenn man längere Zeit ruhig steht oder sitzt. Nimm ein Fernglas oder Teleskop, dazu Stift und Papier mit, damit du dir Notizen machen kannst. Außerdem benötigst du eine Taschenlampe, um die Sternkarte anzuleuchten. Gehe niemals allein durch die Nacht, sondern bitte deine Eltern oder einen anderen Erwachsenen mitzugehen. Vielleicht gibt es in deiner Nähe auch einen astronomischen Verein.

Teleskope

Ein Teleskop vergrößert stärker als ein Fernglas, ist aber schwerer zu bedienen und sehr viel teurer. Die meisten der preiswerten Modelle sind nicht besonders gut. Für denselben Preis bekommst du ein wirklich gutes Fernglas.

Teleskope müssen auf einem Stativ stehen. Ohne ein wirklich stabiles Stativ kann man das Teleskop nicht ruhig halten und sieht gar nichts.

Sternennächte

Die beste Zeit für eine Himmelsbeobachtung ist eine dunkle, klare Nacht etwa zwei Stunden nach Sonnenuntergang. Da es in der Stadt durch die vielen Lampen ziemlich hell bleibt, solltest du in einen Park gehen. Noch besser sind deine Chancen auf dem Land. Sei nicht enttäuscht, wenn du zunächst nicht viel siehst. Deine Augen müssen sich erst an die Dunkelheit gewöhnen; nach etwa 20 Minuten wirst du viel mehr erkennen.

Ferngläser

Viele der in diesem Buch vorgestellten Himmelserscheinungen kannst du mit bloßem Auge erkennen, aber mit einem Fernglas siehst du deutlich mehr. Probiere erst ein paar Gläser aus, bevor du dich entscheidest. Ideal ist ein Fernglas mit der Vergrößerung 7 x 50. Gläser, die stärker sind als 10 x 50, sind in der Regel zu schwer.

Himmelserscheinungen

Von der Erde aus kann man nicht nur Sterne und Planeten, sondern viele andere Himmelserscheinungen sehen. Dazu gehören Sonnen- und Mondfinsternisse, Meteore und Kometen, um nur einige dieser spektakulären Ereignisse zu nennen.

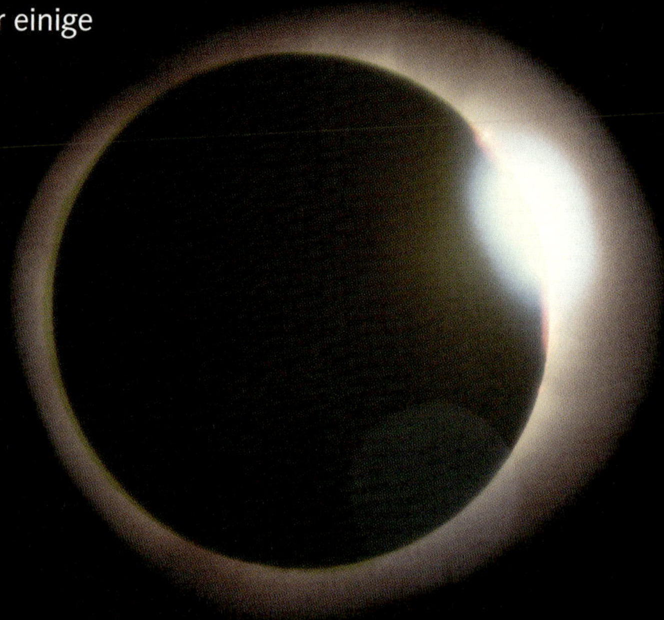

Die Fotos zeigen drei Phasen einer Sonnenfinsternis. Wenn die Sonnenscheibe vollständig vom Mond verdeckt wird, kannst du die äußere Gashülle, die Korona, sehen.

Beobachtung einer Sonnenfinsternis

Blicke niemals direkt in die Sonne, auch nicht mit Sonnenbrille, Fernglas oder Teleskop. Die Sonnenstrahlen können dich erblinden lassen. Es gibt besonders starke Filter, mit denen du die Sonne beobachten darfst. Noch sicherer ist es, die Sonnenfinsternis im Fernsehen oder im Internet zu verfolgen.

Sonnenfinsternis

Wenn sich der Mond zwischen Erde und Sonne schiebt, schirmt er die Sicht auf die Sonne ab. Der Mond ist zwar viel kleiner als die Sonne, ist uns aber so nahe, dass er die Sonne vollständig verdecken kann (totale Sonnenfinsternis). Bedeckt er nur einen Teil der Sonne, entsteht eine partielle Sonnenfinsternis.

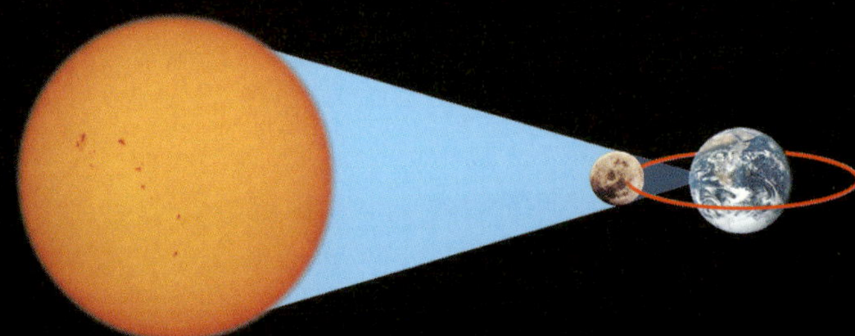

Während einer Sonnenfinsternis steht der Mond zwischen Erde und Sonne und beschattet einen Teil der Erdoberfläche.

Als es im Jahre 585 v. Chr. während einer Schlacht in Asien zu einer Sonnenfinsternis kam, waren die Kriegsparteien so erschrocken, dass sie sofort Frieden schlossen.

Sternschnuppen

In einer normalen, klaren Nacht tauchen meist einige Meteore am Himmel auf, die als Sternschnuppen verglühen. Zu bestimmten Zeiten des Jahres durchläuft die Erde jedoch die Staubfahnen, die ein Komet hinterlassen hat. Dann kommt es häufig zu spektakulären Meteorschauern. Solche Meteorschauer treten rund einmal pro Monat irgendwo auf der Erde auf.

Satellitenbeobachtung

Große Satelliten und die Internationale Weltraumstation (siehe Seite 42) kannst du mit bloßem Auge am Nachthimmel erkennen. Anders als die ruhigen Sterne bewegen sie sich als weiß leuchtende Punkte rasch über den Himmel. Von Flugzeugen kannst du sie gut unterscheiden: Flugzeuge haben blinkende, rote und blaue Lichter. Wo die Satelliten und die Raumstation zu sehen sind, findest du in Zeitschriften für Hobbyastronomen oder im Internet.

Mondfinsternis

Zu einer Mondfinsternis kommt es, wenn sich die Erde zwischen Sonne und Mond schiebt und der Mond im Erdschatten liegt. Bei einer Mondfinsternis kannst du den Mond zwar noch sehen, sein Licht ist aber sehr schwach und oft bräunlich kupferfarben. Mondfinsternisse kommen ziemlich häufig vor.

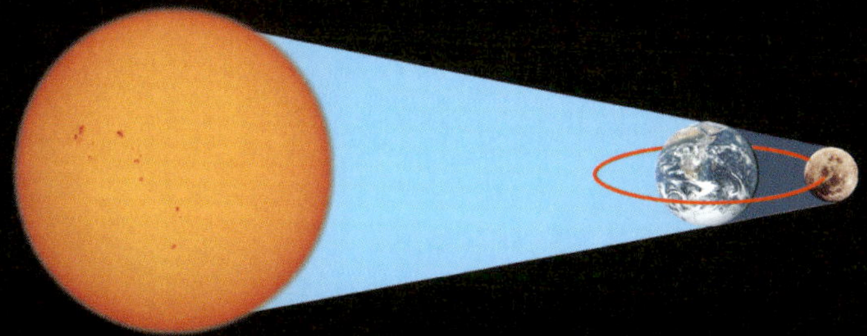

Bei einer Mondfinsternis steht der Mond im Schatten der Erde.

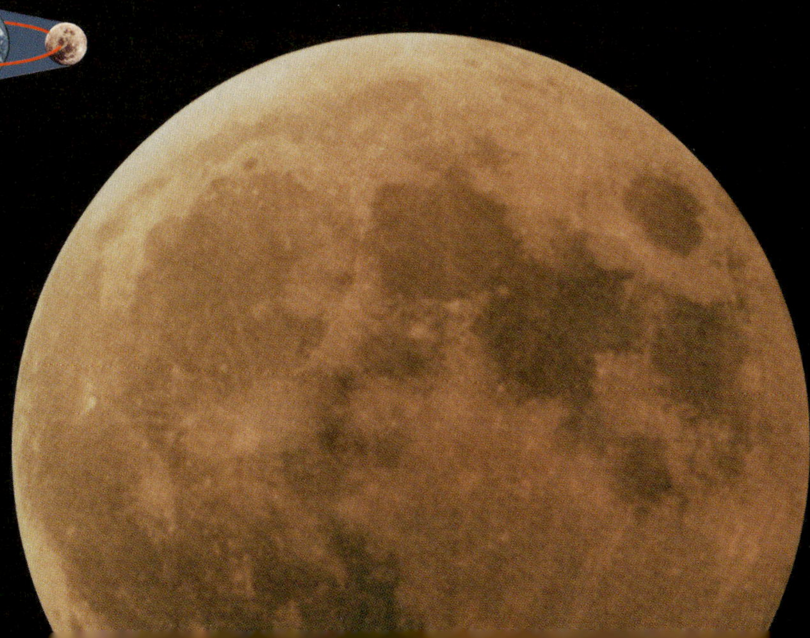

Während einer Mondfinsternis sieht die Oberfläche des Mondes bräunlich aus. Du kannst sie mit bloßen Augen oder durch ein Fernglas betrachten.

Die Suche nach Leben

Gibt es Leben im Weltraum? Auf diese Frage gibt es noch immer keine eindeutige Antwort. Allerdings haben Astronomen in den letzten 20 Jahren viele Hinweise darauf gefunden, dass Leben auf anderen Planeten prinzipiell möglich ist.

Leben auf der Erde

Auf der Erde finden wir Leben selbst unter extremen Bedingungen. Organismen überleben in heißen Vulkanen, am Boden der Tiefsee und sogar im Eis der Arktis. Wenn sich Lebewesen an diese Bedingungen anpassen konnten, könnten sie auch im Weltraum überleben.

Solche winzigen Flohkrebse überleben sogar am Grund der Tiefsee.

Wo suchen?

Das Sonnensystem ist riesig. Also müssen Forscher zunächst herausfinden, wo sich die Suche nach Leben überhaupt lohnt. Alles Leben, wie wir es kennen, ist an zwei wichtige Voraussetzungen gebunden: eine Energiequelle und flüssiges Wasser. Zwar werden alle Planeten und Monde des Sonnensystems von der Sonne beschienen (sie liefert die Energie), doch nur auf wenigen gibt es Wasser. Dort erscheint die Suche lohnend.

Von Wolken bedeckt

Der Saturnmond Titan hat eine wolkenreiche Atmosphäre. Möglicherweise bestehen die unter den Wolken sichtbaren dunklen Flecke aus flüssigem Wasser. Die NASA hat 1997 die Sonde Cassini mit der kleineren Sonde Huygens an Bord zum Saturn geschickt. Huygens soll im Januar 2005 auf Titan landen und die Atmosphäre untersuchen. Die Mission soll Hinweise darauf liefern, ob Leben auf Titan möglich ist.

270 km: Die Sonde dringt in die Atmosphäre des Titan ein; ein Hitzeschild schützt sie.

180 km: Der Fallschirm öffnet sich.

165 km: Schutzschild und Hauptfallschirm werden abgeworfen.

46 km: Die Sonde passiert die Wolkenschicht.

Huygens landet auf der Oberfläche.

Die Bilder rechts zeigen die geplante Landung von Huygens auf Titan.

Maulwurf auf dem Mars

Die Europäische Raumfahrtagentur plant, in der nahen Zukunft ein Raumschiff zum Mars zu senden. Es wird eine Sonde absetzen, die sich wie ein Maulwurf in die Oberfläche des Planeten gräbt und Gesteinsproben untersucht.

Leben unter dem Eis?

Der Jupitermond Europa ist vollständig vereist. Die Astronomen glauben jedoch, dass sich in dem Wasser unter dem Eis Leben entwickeln konnte. Die NASA plant eine Mission zu Europa, um die Dicke des Eises zu messen. Wenn sie dort Wasser finden, soll eine neue Sonde Löcher in das Eis bohren und das darunter liegende Wasser untersuchen.

Noch weiß man nicht, was sich unter der dicken Eiskruste von Europa verbirgt. Astronomen vermuten jedoch größere Wasservorkommen. So etwa könnte die Oberfläche von Europa aussehen.

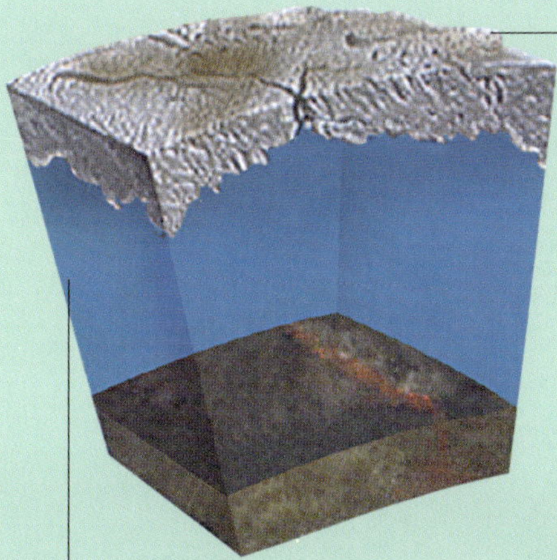

Die vereiste Oberfläche von Europa (rechts)

Die Zukunft im Weltraum

Unsere technischen Möglichkeiten den Weltraum zu erforschen werden ständig verbessert, doch was wird die Zukunft bringen? Da Weltraumflüge äußerst kostspielig sind, wird die Zukunft davon abhängen, wie viel Geld wir in die Raumfahrt investieren.

Internationale Raumstation
Zurzeit bauen Forscher und Ingenieure aus 15 Ländern an einer Forschungsstation, die auf einer Umlaufbahn um die Erde kreist. Diese Internationale Raumstation (ISS) soll der Forschung dienen. Derzeit befinden sich 2 Astronauten auf der ISS.

So ungefähr wird die ISS aussehen, wenn sie fertig ist.

Die ISS nimmt etwa die Fläche von zwei Fußballplätzen ein.

Touristen im Weltall
Vielleicht wird es in Zukunft möglich, in den Weltraum zu fliegen, doch die Preise sind noch astronomisch. Der erste Weltraum-Tourist besuchte die Raumstation im Mai 2001. Seine Reise dauerte eine Woche und kostete 20 Millionen Dollar.

Dennis Tito, der erste Weltraum-Tourist, nach der Rückkehr von seinem Raumflug.

Menschen auf dem Mars

Innerhalb der nächsten 20 Jahre wird die Technologie so weit fortgeschritten sein, dass es möglich sein wird, Menschen auf den Mars zu schicken. Allerdings würden die Astronauten eine schwierige Reise vor sich haben. Allein der Hinflug würde ein ganzes Jahr dauern. Wenn ein Flug zum Mars erfolgreich wäre, könnte man dort eine dauerhafte Raumstation einrichten.

Bergbau im Weltall

Eines Tages werden die Rohstoffe auf der Erde versiegen. Wahrscheinlich gibt es aber im Weltraum beinahe unerschöpfliche Vorräte auf Asteroiden, Kometen oder anderen Planeten. Wenn wir Möglichkeiten entwickeln, diese Rohstoffe zu erschließen, könnten wir viele unserer zukünftigen Probleme lösen.

So etwa könnte eine Raumstation auf dem Mars aussehen. Mit dem Wagen würden die Astronauten die Oberfläche erkunden.

Auf einer Reise zum Mars wären die Astronauten insgesamt rund drei Jahre unterwegs.

Worterklärungen

Hier werden einige der Begriffe erklärt, die im Buch verwendet wurden. Kursiv gedruckte Worte werden als eigenes Stichwort erklärt.

Asteroid Ein Brocken aus Gestein oder Metall, der um die Sonne kreist. Zwischen Mars und Jupiter befindet sich ein Ring aus tausenden solcher Objekte, der Asteroiden-Gürtel.

Astronaut Ein Mensch, der in den Weltraum fliegt. Astronauten (russische Astronauten heißen *Kosmonauten*) absolvieren ein langes Spezial-Training. Der erste Weltraumtourist, Dennis Tito, verbrachte 2001 eine Woche in der Internationalen Raumstation.

Astronom Wissenschaftler, der den Weltraum und seine Bestandteile erforscht.

Atmosphäre Eine dünne Schicht aus Gasen, die manche *Planeten* und *Monde* umgibt.

Finsternis Erscheinung, bei der ein Himmelskörper vollständig (totale F.) oder teilweise (partielle F.) durch einen anderen verdeckt wird. Bei einer Sonnenfinsternis steht der *Mond* zwischen Erde und *Sonne* und verstellt uns den Blick auf die *Sonne*.

Flare Plötzliche Entladung von Energie aus einem Teil der Sonnenoberfläche. Andere Bezeichnung für *Protuberanz*.

Galaxie Ungeheure Ansammlung von *Sternen*. Im Universum existieren Millionen von Galaxien.

Gasriese Ein *Planet*, der vorwiegend aus Gas und Flüssigkeit besteht. Jupiter, Saturn, Uranus und Neptun sind Gasriesen.

Gravitation Eine Kraft, durch die zwei oder mehr Objekte (Massen) angezogen werden. Je größer die Masse eines Objektes ist, desto stärker zieht es andere Objekte an.

Komet Ein Klumpen aus schmutzigem Eis, vermischt mit Staub und Gesteinsteilchen. Kometen fliegen in einer weiten, elliptischen Umlaufbahn um die *Sonne*.

Korona Die äußere Schicht der *Sonne*.

Kosmonaut Russische Bezeichnung für *Astronaut*.

Kuiper-Gürtel Ein Ring aus vereisten Gesteinsbrocken, die am Rand des *Sonnensystems*, zwischen Pluto und der *Oortschen Wolke* um die *Sonne* kreisen.

Lichtjahr Die Entfernung, die das Licht in einem Jahr zurücklegt; ein Lichtjahr entspricht einer Strecke von 9,64 Billionen km.

Meteor Ein *Meteorit*, der in die Erdatmosphäre eindringt. Er verglüht durch die Reibungshitze und wird als *Sternschnuppe* sichtbar.

Meteorit (1) Ein Brocken aus Staub oder Gestein, der die *Sonne* umkreist. (2) Ein Himmelskörper, der nicht als *Meteor* verglüht, sondern bis auf den Erdboden durchschlägt.

Meteorschauer Zahlreiche *Meteore* (20 bis 50 pro Stunde), die in regelmäßigen Abständen auftreten. Solche Schauer treten immer dann auf, wenn die Erde die Staubfahnen eines Kometen kreuzt.

Milchstraße Unsere heimische *Galaxie* mit dem *Sonnensystem*.

Mond Ein natürlicher *Satellit*, der einen *Planeten* umkreist.

NASA Die National Aeronautics and Space Administration; diese Behörde ist in den USA für die Durchführung und Koordinierung von Raumfahrt und Weltraumforschung zuständig.

Nebel Große Masse aus Gas und Staub, in der sich neue *Sterne* bilden können.

Nordlicht (Südlicht) Leuchtende Himmelserscheinung, die vom Sonnenwind verursacht wird, der auf den Nord- oder Südpol der Erde trifft.

Oortsche Wolke Ein Ring aus *Kometen*, die am Rand des *Sonnensystems* um die *Sonne* kreisen.

Planet Großer Himmelskörper, der einen *Stern* umkreist. Im *Sonnensystem* gibt es neun *Planeten*.

Protostern Durch die Schwerkraft zusammengezogene Wolke aus dichtem Gas und Staub; Protosterne können sich zu neuen Sternen zusammenballen.

Protuberanz Andere Bezeichnung für *Flare*.

Raumstation Ein großes, bemanntes Raumschiff in einer Umlaufbahn, das für eine längere Zeit als Basis für Weltraumflüge und als Forschungsstation dient.

Roter Riese Ein aufgeblähter, sterbender *Stern* mit relativ niedriger Temperatur, der sehr viel größer ist als die *Sonne*.

Satellit Ein natürliches oder künstliches Objekt, das einen Himmelkörper auf einer Umlaufbahn umkreist. *Monde* sind natürliche Satelliten; künstliche Satelliten werden mit einer Rakete in den Weltraum geschossen.

Shuttle Eine besondere Form von Raumschiff, das mehrmals starten und wieder landen kann.

Sonde Unbemanntes Raumschiff mit Messgeräten an Bord; Sonden erkunden z. B. die Oberfläche von *Planeten*.

Sonne Mittelgroßer *Stern* in der Mitte des *Sonnensystems*.

Sonnenfleck Dunkler Fleck auf der Sonnenoberfläche.

Sonnensystem Ein *Stern* und alles, was sich auf Umlaufbahnen um ihn herum bewegt. Zu unserem *Sonnensystem* gehören die *Sonne*, neun *Planeten*, darunter die Erde mit dem *Mond*, sowie zahlreiche kleinere Himmelskörper.

Sonnenwind Ein dauerhafter Strom unsichtbarer Teilchen, die von der *Sonne* in den Weltraum geblasen werden.

Stern Riesiger Himmelskörper aus brennendem, explodierendem Gas, der viele Millionen von Jahren Licht und Energie abgibt.

Sternbild Eine Gruppe von *Sternen*, denen die Menschen eine bestimmte Form zuordnen.

Sternschnuppe Anderer Name für *Meteor*.

Umlaufbahn Der Weg eines Objektes, das ein anderes umkreist. *Planeten* befinden sich auf Umlaufbahnen um die *Sonne*.

Urknalltheorie Theorie, die davon ausgeht, dass das Universum mit einer ungeheuren Explosion begann.

Weißer Zwerg Kleiner, alter *Stern* mit großer Masse, der nur noch schwaches Licht abgibt.

Register

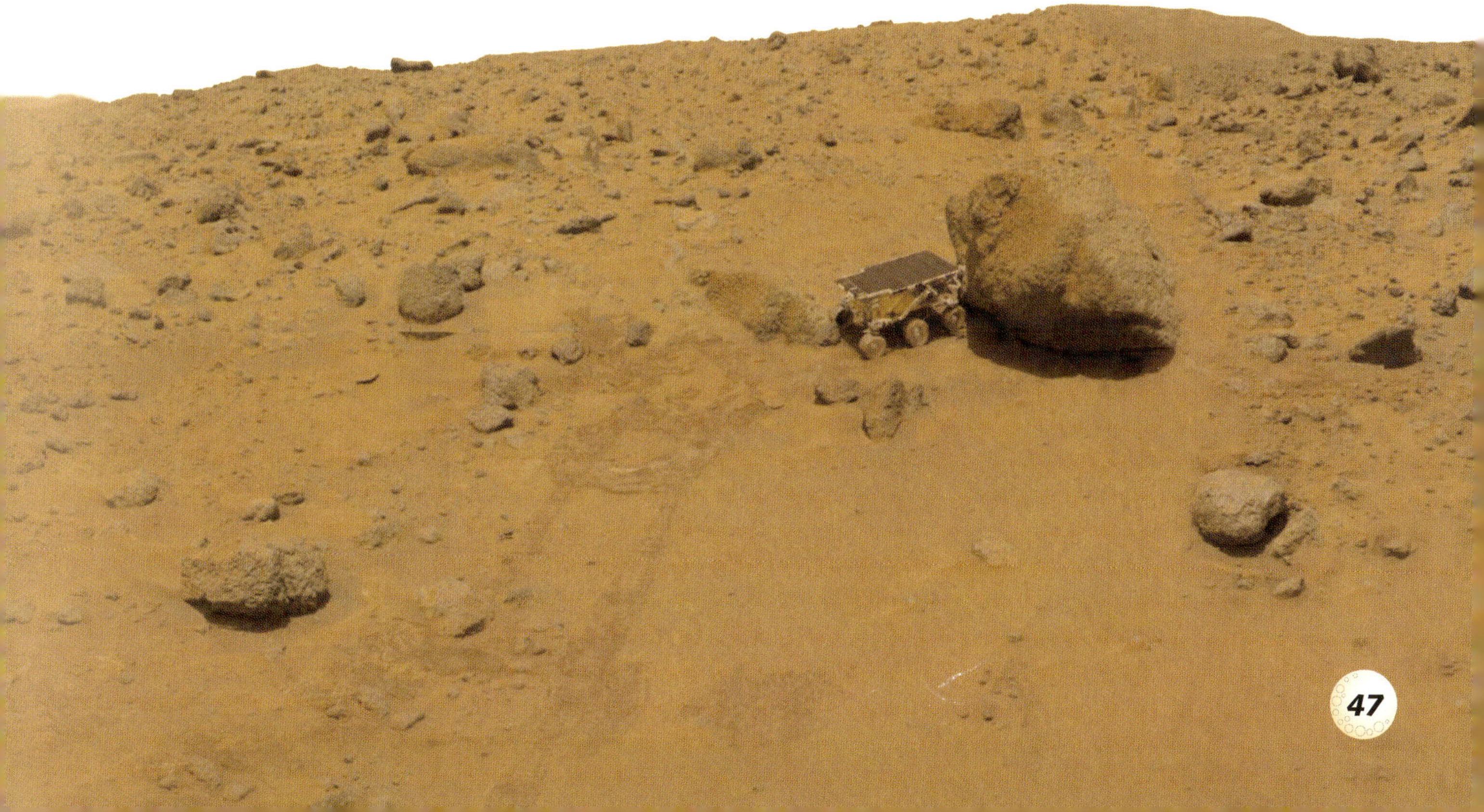

Fotos

(o=oben, u=unten, l=links, r=rechts, M=Mitte)
Umschlag: © Digital Vision; Seite 1: NASA/Science Photo Library; Seite 2–3: NASA; Seite 4: © Allan Morton/Dennis Milon/Science Photo Library; Seite 5: © Victor Habbick Visions/Science Photo Library; Seite 8 l.: Simon Fraser/Science Photo Library; Seite 8–9 u.: © Roger Ressmeyer/CORBIS; Seite 9 or.: NASA/ESA; Seite 9 ur.: NASA; Seite 10 Sonne: Mit freundlicher Genehmigung des SOHO/EIT Konsortiums. SOHO ist ein Projekt der internationalen Kooperation von ESA und NASA; Seite 10 Venus: Mit freundlicher Genehmigung von NASA/JPL/Caltech; Seite 10 Erde/Mars: © Digital Vision; Seite 11 Jupiter/Uranus/Neptun © Digital Vision; Seite 11 Saturn: Mit freundlicher Genehmigung von NASA/JPL/Caltech; Seite 12 o.: © Professor Jay Pasachoff/Science Photo Library; Seite 13 o.: © Chris Madeley/Science Photo Library; Seite 13 u.: ESA/Science Photo Library; Seite 14 u., o.: NASA; Seite 15 l.: © Roger Ressmeyer/CORBIS; Seite 20 l., or., ur.: © Digital Vision; Seite 21 r.: Digital Vision; Seite 22 l.: © David A. Hardy/Science Photo Library; Seite 23 ol. © Digital Vision; Seite 23 u.: NASA; Seite 23 r.: Mit freundlicher Genehmigung von NASA/JPL/Caltech; Seite 24–25 o.: NASA; Seite 24 ol.: Digital Vision; Seite 24 ul.: Mit freundlicher Genehmigung von NASA/JPL/Caltech; Seite 24 ur.: NASA/Science Photo Library; Seite 25 u.: NASA; Seite 26 l.: NASA/Science Photo Library; Seite 26 Io, Europa, Ganymed, Kallisto: NASA; Seite 26 or.: © Digital Vision; Seite 27 r.: Don Davis, NASA/Science Photo Library; Seite 27 ol.: © Digital Vision; Seite 27 ul.: NASA; Seite 28 ol. Uranus: NASA; Seite 28 Sonne, Erde: © Digital Vision; Seite 28 r.: © CORBIS; Seite 28 ul.: © Digital Vision; Seite 29 o.: Mit freundlicher Genehmigung von NASA/JPL/Caltech; Seite 29or.: © Digital Vision; Seite 29 ur. Sonne, Erde, Neptun: © Digital Vision; Seite 30 l.: © Dr. Seth Shostak/Science Photo Library; Seite 31 o.: © Rev. Ronald Royer/Science Photo Library; Seite 32 l.: © Anglo-Australian Observatory, Foto von David Malin; Seite 33 o.: © Digital Vision; Seite 33 ul.: Hubble Heritage Team (NASA/AURA/STScl); Seite 34 l.: Nasa; Seite 35 o.: © Digital Vision; Seite 35 ul.: NASA Goddard Space Flight Center and the COBE Science Working Group; Seite 36–37 b: © Digital Vision; Seite 38 ol.: © Roger Ressmeyer/CORBIS; Seite 38 or.: © Roger Ressmeyer/CORBIS; Seite 38 u.: © Digital Vision; Seite 39 o., ul.: © Digital Vision; Seite 39 ur.: © Dennis di Cicco/CORBIS; Seite 40 l.: © Lester V. Bergman/CORBIS; Seite 41 l., r.: NASA; Seite 42 o.: © Digital Vision; Seite 42 u.: © AFP Photo/Alexander Nemenov; Seite 43: NASA; Alle Infokästen ul.: © Digital Vision.

Bibliografische Information Der Deutschen Bibliothek

Die Deutsche Bibliothek verzeichnet diese Publikation in der Deutschen Nationalbibliografie; detaillierte bibliografische Daten sind im Internet über **http://dnb.ddb.de** abrufbar.

3 2 1 06 05 04

Titel der Orginalausgabe: Usborne Discovery Internet-Linked: Space

Text: Ben Denne, Eileen O'Brien
Illustrationen: Andy Burton
Übersetzung: Wolfgang Hensel
Umschlaggestaltung: Dirk Lieb
Printed in Germany
ISBN 3-473-35846-0

www.ravensburger.de